不一样的饮品

茶饮
调酒
咖啡
蔬果汁

花祥育

编 著

中国轻工业出版社

图书在版编目（CIP）数据

不一样的饮品：茶饮调酒咖啡蔬果汁 / 花祥育编著 .
— 北京：中国轻工业出版社，2019.2
ISBN 978-7-5184-1866-4

Ⅰ . ① 不 … Ⅱ . ① 花 … Ⅲ . ① 饮 料 — 制 作
Ⅳ . ① TS27

中国版本图书馆 CIP 数据核字（2018）第 031303 号

责任编辑：付　佳　王芙洁　　责任终审：劳国强　　整体设计：锋尚设计
策划编辑：付　佳　王芙洁　　责任校对：李　靖　　责任监印：张京华

出版发行：中国轻工业出版社（北京东长安街6号，邮编：100740）
印　　刷：北京博海升彩色印刷有限公司
经　　销：各地新华书店
版　　次：2019年2月第1版第3次印刷
开　　本：710×1000　1/16　印张：14
字　　数：250千字
书　　号：ISBN 978-7-5184-1866-4　定价：49.80元
邮购电话：010-65241695
发行电话：010-85119835　传真：85113293
网　　址：http://www.chlip.com.cn
Email：club@chlip.com.cn
如发现图书残缺请与我社邮购联系调换
190101S1C103ZYW

解了舌尖的渴，却不解开内心的疑问

为什么要喝饮料？这是非常耐人寻味的问句。这时候你一定想说："不过就是喝杯饮料而已，哪有这么多为什么？"当然有！而且理由还不少。不论是解渴、尝鲜、佐餐、公务洽谈、聊天或聚会，都能构成喝杯饮品的理由。喝饮品已经成为多数人的生活习惯，饮品更成为一种情感交流的媒介。

喝茶聊天、聚餐小酌，心里的喜怒哀乐就会在一口口的品饮中娓娓道来，可见一杯饮品承载着不少故事啊！虽然饮品以这样普及且不可或缺的姿态存在于大家的生活中，但对于喝进嘴里的每一口、每一杯，其选料、取材、制作过程和内容物也许你从未详加探究，因为绝大多数人选择饮料时，都是以习惯喝什么、想喝什么以及价位高低作为选择的要件。

在我的观念里，做人理当幽默随和，但对于吃进嘴里、喝进胃里的饮品和食物，却必须苛刻求知，因为健康是不容许将就和妥协的，与各位读者朋友们共勉之，万万不能只顾着"解了舌尖的渴，却不解开内心的疑问"，知道你所饮所食的内容是什么真的很重要。本书除了收录了各类饮品配方及制作方式外，还详解了饮品配料的做法，包括使用新鲜水果、天然花卉花草及香料变化饮品口味（也就是天然风味糖浆），在制作茶品、蔬果汁、冰沙、咖啡、调酒时，让种类更丰富多元，对于风味掌握更恰如其分。

有饮品却没有餐食，这怎么可以？餐与饮原本就密不可分地相互辉映，所以为了让饮品喝起来更有趣，我也设定了4款多用途酱料、5种蔬食、5道主食，并将其灵活运用，变化出6款餐点，你可以随心所欲搭配，与饮品一起享用。

这本书的推出，首先要感谢日日幸福出版社以及叶菁燕主编，感谢她有效地归纳并统合我的作品及想法。最后，还要感谢我的好朋友——地中海料理主厨谢长胜（Marco）老师，感谢他以料理书作者的角度，常与我分享他撰写书籍的宝贵经验。

诚挚希望能透过这本书让各位"喝得放心、吃得自在、健康品饮、轻松享食"。

饮品职人

花祥育

目录 ▼
CONTENTS

PART 2 多变蔬果汁

制作蔬果汁的要点 / 084

味道柔和顺口的方法 / 084

妥善清洗蔬果更安心 / 084

用密封盒或密封袋保存 / 084

选择时令蔬果更佳 / 084

避免摄取太多糖分 / 084

快速补充营养素 / 084

解决水分太少的问题 / 084

加入适量坚果添口感 / 085

使用自制糖浆调味 / 085

避免全部食材气味太强烈 / 085

注意食材放入果汁机的顺序 / 085

加些冰块避免温度上升 / 085

蔬果汁最好现做现喝 / 085

基础示范　苹果西芹胡萝卜汁 / 086

PART 3 沁心凉冰沙

PART 4 惬意品咖啡

PART 5 微醺玩调酒

PART 6 百搭享轻食

PART 7 饮品好配角

灵活运用材料和器具

想要做出好喝又健康的饮品，真的不难，只要花点时间先了解本书使用到的材料、器具，相信你也能调制出令人赞不绝口的饮品，并且烹调出讨喜又美味的轻食！

茶叶＆茶包

阿萨姆红茶

茶韵厚实、风味浓郁、茶色暗红，适合搭配乳制品一起饮用，或是与花卉、香草、水果制成调味茶。

锡兰红茶

口感比阿萨姆轻盈温和，适合与柑橘类果皮、香料制成调味茶，也适合制成奶茶，其风味不亚于阿萨姆红茶。

绿茶

属于不发酵茶，茶味甘香。因为茶色清透、可塑性高，所以最适合加入新鲜水果、糖浆、果酱，制成各式调味茶饮。

冻顶乌龙茶

茶色金黄偏琥珀色，带成熟果香，茶韵十足且耐泡。可制成调味茶，其风味会更有层次感。

文山包种茶

茶叶外观为条索状，色泽翠绿，带微微花香，适合制成冷泡茶或与带香气的可食用花卉一起冲泡。

日式煎茶

带有淡淡抹茶香气，其口感微涩，但茶韵饱满，适合与五谷类制成冷泡茶。

玄米茶

以日式茶及玄米（糙米）包装制成，热泡、冷泡都非常适合。常见的是立体茶包，取材容易且冲泡方便。

干燥花果粒茶

以干燥莓果、苹果，或是可食用花卉混合制成，茶色呈酒红色，口感偏酸，不含咖啡因，适合直接冲泡饮用、制成冰块，或是调制成酒精性饮料。

咖啡豆

曼特宁咖啡豆

风味醇厚、香气十足，苦中带甜，适合冲泡后单独饮用，或是用于调配混合式咖啡。

日晒耶加雪菲咖啡豆

随着烘焙熟度不同，会呈现出柑橘、莓果、焦糖、热带水果等不同气味。

也门摩卡咖啡豆

风味强劲，带有巧克力苦味及莓果香气。

尼加拉瓜帕罗玛咖啡豆

口感呈现浓郁巧克力风味，稍带核果香甜味，充分展现了中美洲高山豆的特色。

酒类

伏特加

烈酒之一，酒精浓度40%，主要原料为白色冬季麦。口感清新顺口、透明无色，其可塑性高，适合冷冻后单独饮用，或是调制各种鸡尾酒。

白朗姆酒

白朗姆酒的口感甘柔温润，是初学者最容易驾驭的基底酒，主要原料为甘蔗，酒精浓度40%，适合冰镇后直接饮用，或是制成各式鸡尾酒。

冰粉红利口酒（X-Rated）

酒精浓度17%，产于意大利，由小麦等酿造，融合了血橙、芒果及西番莲等水果，果香浓郁微甜，颜色粉红性感，堪称是时尚与浪漫的代表酒款，适用于任何时间与场合，深受女性青睐，可以调制鸡尾酒或是直接加冰块饮用。

干邑橙酒

使用陈年5年的V.S.O.P干邑为基底，并陈放于橡木桶中，以柑橘味为主轴而散发出糖渍柑橘、榛果、杏仁糖与太妃糖的风味，适合制成鸡尾酒、甜点、料理。

啤酒

充满浓郁麦香并带些爽口啤酒花香，除了冰镇后饮用，也适合使用新鲜香草搭配茶品及糖浆调制，不仅能中和啤酒特有的微苦味，饮用时也更加清新爽口。

台湾纯米酒

以蓬莱米为原料，酿制1年以上，酒精浓度22%。纯米酿造不含食盐，酒中带有浓醇的米粮香气，适合小火炖煮、大火快炒、肉品腌渍去腥、酒类调制。

花卉＆香草

新鲜玫瑰花

其香气饱满丰厚、色泽鲜红，最适合制作玫瑰糖浆、果酱、冲泡茶饮，或是加入面包糕点中。

新鲜香草

薄荷风味，甘甜清凉，用途广泛，适合调制茶品、糖浆、果酱，均能彰显其特色。迷迭香是少虫害的欧洲香草，气味鲜明，清洗后可以直接冲泡饮用，或是制作糖浆、面点、香草油。

干燥桂花

新鲜桂花干燥制作而成，经常用来制作桂花糖浆，或与茶叶混合冲泡。

肉桂

取自于肉桂树的树皮，卷成条状干燥后制成，经常用于各式饮品、甜点、菜肴的制作。

干燥蝶豆花

原产于拉丁美洲，是热带蔓藤植物，也是花青素含量丰富的可食用花，其色泽鲜明亮眼，经常用于制作饮品、糖浆，或是加入菜肴中。

糖类

原色冰糖

又称黄冰糖或土冰糖，可以搭配茶、咖啡，更适合与蔬果汁一起混合，也是烹煮菜肴、甜品的最佳调味料，能增加香气。

二砂糖

是蔗糖第一次结晶后所产的糖，含甘蔗甜蜜香气，是风味极佳的结晶糖。但这种糖在普通超市较难买到。

白砂糖

由原料糖经溶解，去杂质，并且多次结晶炼制而成的高纯度白糖。色泽可塑性高，适合调配各式饮料，或是作为调味品及食品加工用糖。

麦芽糖（手工）

由小麦、糯米熬制而成，所产生的糖分属于天然发酵糖，无添加物，可以存放多年而不变质，适合用在饮品、糖浆或菜肴配方中，其口感浓郁丰厚却温顺。

蜂蜜

蜜蜂从开花植物中采取的花蜜制作而成，适合烘焙糕点或制作饮品，代替糖作为调味品使用。

红糖

又称为黑糖、红砂糖，与白糖一样，都是甘蔗提炼而成。红糖为粗制糖，所以保留了较多的矿物质及维生素。

油&醋

玄米油

适合中温、高温料理，油质稳定耐高温，发烟温度高达250℃，含有丰富的糙米营养。

橄榄油

保留了橄榄油原始的营养及风味，带有天然果香，适合腌渍、冷拌、中低温烹调，或是搭配面包一起食用。

葡萄子油

含丰富的花青素，呈清亮淡绿色，油品稳定、耐高温、低油烟、口感清爽，其料理方式多元，适合制成沙拉酱、凉拌、煎烤、热炒等。

黑葡萄醋

用新鲜葡萄汁熬煮而成，使葡萄汁的糖分及酸度提高，得到富含果香的浓缩葡萄汁之后，装进橡木桶内酿造并熟成为陈年葡萄醋，适用于腌渍肉类、调制酱汁、搭配甜点或调制饮品。

苹果醋

保留苹果原汁风味，带着舒服的酸味及新鲜苹果香气，适合作为沙拉或冷盘的酱汁调味。

白酒醋

由白葡萄汁发酵酿造而成，常与橄榄油混合制成油醋酱汁，也适用于各式餐点，例如：用于腌制肉品或海鲜烹调等。

粉类&坚果种子类

竹炭粉

以竹为原料经高温炭化，研磨制成的黑色粉末，为食品天然色素，其用途广泛，可用于制作面包、蛋糕、饼干、面条、粉圆等。

红曲粉

红曲粉是天然食品着色剂，由稻米加红曲发酵后粉碎而成，常用于各式料理，例如：烧腊、面食、腐乳、糕点或腌渍食品。

竹芋粉

竹芋主要种植于低海拔山区，将根茎部位捣碎，水洗后取粉，适合用于勾芡，制作凉糕、粉圆、粉条。

麻荞粉

将麻荞干燥处理后做成麻荞粉，其外观像抹茶粉，味道微苦，可作为甜点、饮品的着色剂。

土豆淀粉

用土豆制成的淀粉，色泽纯白且粉质细滑，加水后质地较黏，适用于菜肴或羹汤勾芡，制作糕点外皮、粉圆、粉条等，富有弹性且口感佳。

荞麦

含丰富的膳食纤维、铁、锰、锌等。荞麦炒熟后用热水或常温水冲泡成茶，其风味清香爽口。

决明子

属于中药材，大部分是炒或烘烤出香气，用于茶叶调味或直接冲泡饮用。

爱玉子

为台湾特有植物，以干燥机烘干或晒干而成，与饮用水一起搓洗出果胶，之后静置可凝结成冻状。

原味综合熟坚果

低温烤焙的原味综合坚果类，含丰富的不饱和脂肪酸、铁、锌等营养素，也是健康油脂的来源。食用时有饱足感，可用于佐餐及健康饮品或酱汁的制作。

乳制品＆豆制品

鲜奶

分为全脂、脱脂，可搭配蔬果类打成蔬果汁，能增加滑顺香浓风味。但有乳糖不耐者，应慎用。

冰激凌

用于饮品制作时可增加香滑口感，不抢主材料风味，但建议选择纯鲜奶制作的产品，会比较健康。

乳酸饮料

富含肠道益生菌，用于茶饮、蔬果汁制作，可增加温和酸甜口感。

奶油奶酪

由新鲜奶酪去除多余的水分后，加入鲜奶油与鲜奶混合制成，可与各式香料、新鲜水果混合，调配成面包抹酱。

酸奶

以牛奶为原料，经过巴氏杀菌后再向牛奶中加入有益菌，经发酵制成的乳制品。

豆腐

富含钙质和蛋白质，本书用以制作风味豆腐酱，不仅口感滑顺细密，热量也较市售蛋黄酱低。

黑豆

富含B族维生素、花青素、膳食纤维，烘焙或炒过后香气浓郁，可直接食用，或是冲泡饮用。

豆浆

富含大豆蛋白和植物雌激素等营养物质，可代替鲜奶用于饮品制作。

蔬果类

覆盆子

富含维生素C、钾、镁和膳食纤维，有促进消化、预防便秘的作用。但不容易保存，建议清洗之后冷冻保存，或是直接购买冷冻覆盆子。

绿柠檬

其果汁的酸度比黄柠檬高，有解脂消腻的作用。可提升茶品或蔬果汁的酸味，并可代替黄柠檬使用。

黄柠檬（莱姆）

富含维生素C和柠檬酸，表皮较粗糙，带有浓郁香气，其维生素C含量比绿柠檬高一些。使用前必须仔细刷洗掉表皮上的蜡。

葡萄柚

富含胡萝卜素、维生素C、钾，口感酸甜中带些苦味，水分及膳食纤维含量丰富，能帮助排便。其属性偏寒，必须酌量食用。

金橘

皮薄汁多，口感清香。含丰富的胡萝卜素、维生素C，有强肝解毒功能，适合用来制作各种饮品，风味极佳。

西番莲

果香浓郁厚实，是制作饮品的优选水果，含有丰富的胡萝卜素和膳食纤维，能促进胃肠道蠕动，改善便秘，维护心血管功能。

菠萝

含有丰富的膳食纤维和蛋白质分解酶，果肉香甜。适量食用有助于消除疲劳、促进消化。

木瓜

和乳制品混合非常协调，含有大量水分，果肉细滑，并含多种维生素、氨基酸，可有效补充人体养分，消食开胃。

苹果

口感脆甜，其果皮中果胶和多酚的含量比果肉还多。若连皮一起食用，请务必清洗干净。

猕猴桃

营养密度高，属低生糖指数水果，含有抗氧化成分和丰富的膳食纤维，有助于肠道健康。

红心火龙果

含有植物性蛋白质、花青素以及膳食纤维，具有降胆固醇、润肠的作用，并能帮助排出体内重金属。

香蕉

是制作果汁的极佳素材之一，口感细腻香甜。当作正餐食用能快速补充体力。富含膳食纤维，有助于改善便秘症状。

甜菜根

颜色为紫红色，甜味清爽且带有独特土味，含丰富的钾、磷、铁以及维生素，具有补血护肝的作用。适合搭配菠萝、苹果等香气较浓郁的水果制成蔬果汁。

西芹

富含膳食纤维，口感清脆、气味独特，也是制作综合蔬果汁的素材之一。

胡萝卜

含有丰富的膳食纤维、胡萝卜素、钙、B族维生素等有益营养素，有助提高人体免疫力，适合与柠檬、菠萝、苹果搭配制成蔬果汁。

红薯

口感绵密香甜，富含膳食纤维，易产生饱腹感。可以将其蒸熟，与鲜奶、豆浆或酸奶一起搅打均匀后饮用。

姜

富含姜辣素，口味辛辣、独特，与红枣、橙子等搭配制成果汁，有温补的作用。

绿裙生菜

可生食的爽脆蔬菜，外观为深绿色细卷叶，叶缘呈尖细锯齿状，茎部略带苦味，富含叶酸、维生素C。

红叶生菜

株形直挺，叶尖呈紫红色，叶尾端呈尖形，带暗紫红色，生食熟食皆可。

奶油生菜

为半结球生菜，叶缘有皱褶，适合生食，口感甜脆无苦味。

罗曼生菜

生食熟食皆可，口感清脆、水分多是其特色，是制作凯萨沙拉的主要材料之一，也能作为堡类或吐司夹层配料，或是清炒后食用。

番茄汁

以番茄及食用盐制成的果汁，常作为酒类调制的配料，也适合单独饮用。

汽水

碳酸饮料的一种，常搭配小吃，也常用来调制风味饮品。

面食类

中式面食

中式传统面点，如馒头、包子，建议使用不粘锅将其煎至金黄，用于轻食调理。与自制肉酱、抹酱搭配更佳。

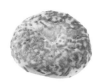

西式面食

为较容易自制或购买的西式面食，如吐司、贝果、佛卡夏，用在轻食的调理制作非常适合，搭配自制肉酱、抹酱或是生菜，也能成为简单又满足的一餐。

家电用品

智能果汁机

可以缩短饮品制作时间，是制作各式饮品、碎冰的必备小家电。

手持搅拌棒组

适合家庭或商用的多用途料理辅助工具，可以少量制作饮品，或是用于制作沙拉酱、切碎食材、打发鲜奶油、搅拌面糊等用途。

磨豆机

家用、商用皆可，可调打磨粗细，研磨快速。可依喜好调节研磨粗细度。

维也纳皇家咖啡壶

又名"平衡式塞风壶"（Balancing Siphon），外观高雅亮眼，用来冲泡咖啡、各式茶叶，降低人为操作时对于时间控制的误差，让每一杯饮品风味更稳定。

气泡水机

用来制作气泡水，搭配酒类、自制糖浆、茶品，让饮品带有气泡感，饮用起来畅快顺口。

电子温控壶

具备快速煮沸热水、可设定所需温度的功能，能使冲泡品质及水温更稳定，是冲泡茶品、咖啡或其他热饮的辅助工具。

锅具

单柄厚底锅

制作糖浆时使用，锅底加厚，其加热快速且导热均匀，烹调时不容易焦底。

汤锅

适用于烹煮手工粉圆、粉条及制作爱玉冻，宜选锅体轻且导热快速均匀、不粘的为佳，并适用于多种炉具。

桶形汤锅

用于烹煮大量液体食材，如高汤，或是冲泡大量咖啡、茶之用。

不粘平底锅

用于轻食调理，挑选直径28厘米、高5.5厘米，或直径28厘米、高8.5厘米的锅皆可，锅体轻，且锅面加热快速、导热均匀，煎煮时上色均匀且不粘，也是烹调菜肴的好帮手。

玻璃内胆保温壶

适合郊游或户外聚餐，用来盛装预先冲泡好的咖啡、茶品，其强化玻璃内胆可以有效保温约12小时，保冰约24小时，能有效确保风味不流失。

称量工具

电子秤

用以称量冰块、食材重量，提高制作饮品、菜肴的分量精确度。

温度计

适用于液体材料的温度测量，如咖啡、茶及奶泡温度。

咖啡量匙

用于量取咖啡豆和茶叶分量的量匙。

量匙套装

用以量取少量调味品、香料、液态调味料，一组4支，计量单位由大到小为1大匙、1小匙、1/2小匙、1/4小匙。通常1大匙为15毫升，1小匙为5毫升。

量杯

用于制作料理或饮品调制的小工具之一，可精准度量液体食材使用量，使料理过程和饮品调制更为顺利。

辅助器具

手动榨汁器

用来压榨柑橘类果汁，而且能一起挤压出柑橘类精油，让果汁香气更浓郁。

搅拌匙

用以调制饮品，匙身较长，能深入杯底搅拌，使材料混合均匀。

摇酒器

又称雪克杯，是制作各式冰饮、酒类调制必备工具，大部分为不锈钢材质，一般家用也可以选择PC树脂材质，较为轻巧且不冻手。

锥形滤杯

可以作为咖啡冲泡器具，口径较大，底部有一个圆孔，可依倒水速度快慢调整咖啡浓度及风味层次，也有瓷器、耐热玻璃等材质，可以随个人使用习惯选择。

锥形滤纸

搭配锥形滤杯使用，市面多见漂白及未漂白两种。

双层滤茶网

为不锈钢材质，双层滤网过滤效果佳，能阻隔茶叶细粉进入茶汤，让茶汤浓度更为清澈且稳定。

滤网

用于过滤茶叶渣、果汁，也可用于粉类食材过筛。

不锈钢捣棒

用于捣压新鲜香草、水果皮、水果块，使香气及汁液充分释出。

制冰盒

有许多形状可以挑选，用来制作冰块，能提高饮品的视觉享受，或将用不完的蔬果汁冷冻成冰块。

不锈钢捞勺

本书主要用来捞起烹煮完成的手工粉圆、粉条。

耐热刮刀

适用于平底锅烹饪时拌炒，或是其他食材的搅拌。请挑选耐热、耐冷、耐酸且不易变形的为佳。

手动打蛋器

用于搅拌面糊、蛋液、打发鲜奶油，或是调制大量咖啡、茶等饮品时搅拌混合使用。

手动双层奶泡壶

可制作冰热奶泡，搭配咖啡茶饮。必须于每次使用后仔细清洁，以免奶垢堆积壶中，影响饮品的品质。也可以依个人使用习惯选择电动奶泡器。

玻璃调理碗

可以依需要挑选不同尺寸，作为混合馅料、肉品腌渍、食材料理前分类等用途。

刨刀

用于刨下柑橘类外皮，作为装饰或提味使用；或是将块状奶酪刨碎或刨丝。

擀面棍

用于擀平半成品面团的主要工具。

一次性挤花袋

可盛装半固态酱料、鲜奶油、馅料等。本书主要用来装手工粉条浆。

蔬菜脱水器

通过离心原理脱水。将清洗好的蔬菜放入脱水器，旋转上盖钮后，能将蔬菜的水分脱去并且甩干。

肉槌

又称拍肉器，用于肉品纤维松弛、断筋之用，也可拍碎坚果或胡椒等颗粒状香料。

分装容器

冰热两用的盛装容器，用于装盛茶品、咖啡，或是作为家用冷水壶使用。

细口壶

操作手冲咖啡的基本工具之一，壶嘴呈细口状，水流平稳细柔，在冲泡时，能更好地控制。

饮品杯皿

有杯耳的铜杯、玻璃杯，比较适合盛装所有咖啡、茶类饮品；瓷杯则较适合盛装热饮。杯身及杯口较为细长、呈直筒形的玻璃杯，则用于制作冰沙或有渐（分）层的饮品，其呈现度较佳；杯身及杯口较大，或是较为宽矮的杯子，则适合盛装果汁、含有气泡水或啤酒的饮品。

PART 1 一起来找茶

改天喝杯茶吧！不管与亲人、朋友聚会，或是自己一个人，总喜欢喝杯茶解馋止渴。这里将提供各种浓基底茶的泡法，接着是调味茶、奶茶，还有非常流行的冷泡茶，一年四季皆宜的茶饮任你挑选与尝试，快试试看吧！

THE GREEN MA

QUALITY FREIGHT
12.65 x 11.40

在冲泡茶叶之前，大家得先做一些功课，但是，常常在这个时候会被水温、壶具、冲泡时间、水质等细节弄得一个头两个大。虽然说喝茶是一种习惯，但是，"调茶"享受的是趣味和多样化的口味。这里将教你几招非典型的茶品冲泡方式，通过简单的分类，能了解到不同种类的茶叶适合的冲泡水温、冲泡时间。并且善用器具与方法，可以去除茶汁的涩感，并让香气更为显著。

右上表为各种茶叶的冲泡水温和冲泡时间（以2000毫升为基准）。浓基底红茶、浓基底绿茶、浓基底乌龙茶皆为调制饮品的基底茶，保存期限为冷藏2天、制成冰块可保存15天。浓基底茶的口感及茶的浓度比较高，如果要单独饮用，则必须加入开水稀释为佳。

种类	冲泡水温	冲泡时间
红茶、乌龙	92～95℃	20分钟
绿茶	85～90℃	12分钟
干燥花果粒茶	92～95℃	20分钟
可食用花草茶	85～90℃	10～12分钟
日式茶	75℃	7分钟
冷泡茶	常温水（27～30℃）	8～10小时

冲泡茶叶与器皿清洁

茶叶必须妥善保存于常温且干燥阴凉处。冲泡茶叶后不可以立即搅拌，否则会使茶汤产生大量苦涩味，建议最好先将茶叶置于容器内，以热水注入的对流冲力让茶叶充分被水浸湿。冲泡以及保存茶汤的器皿必须妥善清洁并且干燥，不能沾油，否则会影响茶汤品质及保存期。

冻顶乌龙

绿茶

更有味的风味茶

如果说调制茶饮是一种乐趣、喝茶是一种享受，那么调配茶叶也许更让人玩味。分别将具有各自风味特色的素材与茶叶混合后冲泡，能促进彼此的香气结合成另一种和谐的口感，也让茶品的口味有更多变化性与可能性。

如果你觉得"茶叶调配"听起来有点难懂，那么我先简单列举几种市面上常见的风味茶包或是茶叶名称，也许更容易理解

什么是风味茶。例如：日式玄米茶、杭菊普洱茶、伯爵茶包等。顾名思义，日式玄米茶即是绿茶或是煎茶中加入糙米（玄米）；杭菊普洱茶即是普洱茶中加入菊花；伯爵茶是在红茶或是绿茶中加入佛手柑与其他柑橘香料所制成。以上列举的品项，其共通点就是利用茶叶和素材本身不同的香气和特性，混合而成各种风味茶叶。

风味茶小叮咛

1 使用干燥素材与茶叶调配，保存期限比较长。
2 可以和茶叶一起混合冲泡的素材有：干燥可食用花草、干燥水果、柑橘类果皮、炒熟的五谷类、香料香草等。

让调茶不只是调茶

调茶是在茶饮中加入糖浆、果汁以增添香气及甜度，也可以加入冰激凌、粉圆、布丁、水果粒等食材增添口感，或是加入鲜奶及奶制品变成奶茶。可自由发挥，但有些小技巧必须注意，不论是颜色的呈现，还是调味程度的拿捏都是首要条件，好喝固然重要，但视觉美感也会让饮品加分不少。

冷泡茶特色及冲泡比例

可以降低单宁酸、咖啡因，并且释出苦涩分子，因为低温久泡而充分溶出茶香，口感轻盈、甘甜，不需要太多的调味，就非常好喝了，而且取材容易、制作方法简单。冷泡茶冲泡水温多在27~30℃，但其品质会因季节、室温、放置地方的不同而受到影响。冷泡茶冲泡建议比例为1：80，即1克茶叶注入80毫升常温水，2.5克茶包注入200毫升常温水，以此类推。只需要将茶叶或茶包冲入常温水后，盖上盖子，放入冰箱冷藏8~10小时就完成了。

让混浊的红茶汤变清澈

茶汤快速冷却或茶温降低后，所含单宁酸会变成固态的小颗粒，使茶汤呈现雾状混浊现象，而这种现象在冲泡浓茶时最容易发生，通常出现在全发酵茶中，如锡兰、阿萨姆、祁门等红茶类。如果将混浊的茶汤加温或倒入适量开水，就可以使单宁颗粒再度溶解，恢复茶汤的清澈。

浓基底绿茶

2000毫升
1 份

材料

绿茶叶 / 50 克

热开水（85～90℃）/ 1350 毫升

冰块 / 900 克

做法

1 取一个深口不锈钢锅，加入适量开水温锅，轻轻摇晃锅让热水均匀分布锅内侧，再倒掉开水。将茶叶放入锅中，缓缓冲入开水于锅中，盖上锅盖，闷泡12分钟。

● 容器必须用开水温过，等同于除菌程序，也可以避免茶汤变质或冲泡时失温。

● 冲泡绿茶的水温尽量维持在85～90℃，以确保茶叶风味能完全释出。

● 冲开水后不可以搅拌，否则会使茶汤产生大量苦涩味，并且水量必须以完整覆盖茶叶为佳。

2 打开锅盖，此刻会看到茶叶膨胀，透过滤网将茶汤过滤于另一个深口锅，加入冰块让茶汤急速降温。

● 加入冰块，可以帮助茶汤急速降温，并锁住茶香。

3 使用打蛋器将茶汤快速搅打至起泡，再捞除泡沫，重复此步骤2～3次后，将茶汤放入保存容器中。

● 降温后的茶汤，通过打蛋器搅打，可以让茶汤风味更加清香且爽口。

● 浓基底绿茶比其他浓基底茶更容易出现涩感，所以在茶汤急速降温与冷却时，建议在搅打后捞除泡沫，以消除茶汤涩味。

双柠冰红茶

430毫升
1 杯

材料 ————————————

绿柠檬 / 1/3 个
黄柠檬 / 1/3 个
浓基底红茶 / 250 毫升 (P035)
黄柠檬糖浆 / 30 毫升 (P201)
黄糖浆 / 20 毫升 (P197)
冰块 / 250 克

做法

1 绿柠檬、黄柠檬洗净后擦干水分，切小块备用。

● 整个柠檬用不完时，可以压成汁做成柠檬冰块。

● 连皮一起食用的蔬果，务必将皮清洗干净并且擦干水分，可以避免残留的
水分影响口感。

2 依序将绿柠檬块、黄柠檬块、浓基底红茶放入果汁机中，用高速
搅打10秒钟（切碎所有柠檬），将茶汤滤出。

● 浓基底红茶与所有柠檬块一起搅打，更能凸显香气，并且搅打后一定要过
滤，喝起来才不会影响口感。

3 将已过滤的茶汁倒回果汁机，依序加入黄柠檬糖浆、黄糖浆、
冰块，用高速搅打2~3秒钟（呈碎冰状），再倒入杯中即可。

● 食材加入的顺序为蔬果、浓基底茶，接着才是糖浆、冰块。如果需要保留
口感的食材，则与冰块一起加入。

● 由于果汁机品牌及性能各有不同，可以根据搅打时间或是饮品状态来确认
完成度。

暖心柑橘桂花奶茶

360毫升
1 杯

材料

全脂鲜奶（70℃）/ 150 毫升

香橙糖浆 / 10 毫升 P203

桂花糖浆 / 20 毫升 P199

浓基底绿茶 / 160 毫升 P028

柳橙皮 / 2 克

做法

1 取一个适合的杯子，加入适量热水温杯，轻轻摇晃杯子让热水均匀分布杯子内侧，再倒掉热水，将香橙糖浆、桂花糖浆倒入杯中备用。

● 挑选大小适合的杯子，并用热水温过，能使杯子处于温热状态。

2 全脂鲜奶倒入不锈钢容器，然后放入一锅热水中，以小火加热（即隔水加热）至鲜奶为70℃，取出。以同样方法将浓基底绿茶、柳橙皮加热至茶汤为80℃即可关火。

● 挑选具有隔热效果把手的不锈钢容器，方便温热时握取和取出。
● 必须随时观察温热过程，到达准确的温度即可，避免鲜奶、茶汤温度过高或过低。
● 茶汤、鲜奶也可用微波方式加热，再用温度计测量所需温度。

3 将温热的鲜奶倒入奶泡壶，打发成膨松绵密的奶泡备用。

● 鲜奶倒入奶泡壶不能太满，要留有空间让鲜奶发泡。

4 用汤匙阻隔奶泡让鲜奶流入杯中（约五成满），再用搅拌匙将糖浆与鲜奶搅拌均匀。

● 透过汤匙阻隔，才能避免一口气将奶泡与鲜奶全部冲入杯中。

5 再舀入2大匙奶泡，缓缓倒入鲜奶，并用滤网将温热的浓基底绿茶汤倒入杯中至八成满，铺上剩余奶泡，用汤匙背整平。

● 也可以加入5~6块冰块降温，做成冰饮，别有一番风味。
● 要慢慢倒入鲜奶与茶汤，才能保持成品美观。

基础示范

冷泡黑豆煎茶

1000毫升
1份

材料

黑豆 / 50 克
煎茶叶 / 15 克
常温水（27～30℃）/ 1000 毫升

做法

1 黑豆冲洗干净，铺于垫有厚纸巾的盘子，晾一晚。

● 黑豆通常会附着一层灰尘或杂质，建议用水洗净再晾干。

● 黑豆也可以换成决明子、小麦、玄米，做出不同风味的冷泡茶。

2 将黑豆放入炒锅，以中小火干炒至黑豆外皮稍微裂开并且飘出香气，关火后倒出放凉备用。

● 炒黑豆不需要加油，并且必须保持干锅状态，冷锅时就可以放入黑豆了。

● 炒黑豆或是谷类时，必须注意火候控制，以防焦黑而导致茶品带焦苦味。

3 煎茶叶、黑豆混合，放入干燥容器中，倒入常温水，盖上瓶盖并转紧。

● 装盛容器必须保持干燥无水分，而且必须有盖子，才能避免异味或杂质进入，也方便保存。

4 放入冰箱冷藏8～10小时，取出后滤出茶叶即可饮用。

● 可将茶叶单独放入茶袋中，浸泡完成后取出茶袋，也方便食用黑豆。

浓基底红茶

2000毫升 1份

材料

阿萨姆红茶叶 / 58 克
热开水（92 ～ 95℃）/ 1100 毫升
冰块 / 1000 克

做法

1 取一个深口不锈钢锅，加入适量热水温锅，倒掉热水后于锅中放入茶叶，缓缓冲入热开水于锅中，盖上锅盖，闷泡20分钟。

2 将茶汤过滤于另一容器中，加入冰块让茶汤急速冷却即可。

| 花老师叮咛 |

★ 泡红茶水温尽量维持在92～95℃，以确保茶叶能完全释出风味。

★ 如果没有温度计，也可取1100毫升水煮滚后离火，加入2～3块冰块于滚水中，稍微搅拌即可到达预期水温，就可以泡红茶了。

★ 浓基底茶为调制饮品的基底茶，保存期限为冷藏2天、制成冰块可以保存15天。

★ 阿萨姆红茶叶可以换成冻顶乌龙茶、锡兰红茶、伯爵红茶等。

浓基底乌龙茶

2000毫升
1份

材料

冻顶乌龙茶叶 / 50 克
热开水（92 ~ 95℃）/ 1300 毫升
冰块 / 900 克

做法

1 取一个深口不锈钢锅，加入适量热水温锅，倒掉热水后于锅中放入茶叶，缓缓冲入热开水于锅中，盖上锅盖，闷泡18 ~ 20分钟。

2 将茶汤过滤于另一容器中，加入冰块让茶汤急速冷却即可。

| 花老师叮咛 |

★ 泡乌龙茶水温尽量维持在92 ~ 95℃，以确保茶叶能完全释出风味。

★ 如果没有温度计，可取1300毫升水煮滚后离火，加入2 ~ 3块冰块于滚水中，稍微搅拌即可到达预期水温，就可以泡乌龙茶了。

★ 浓基底乌龙茶为调制饮品的基底茶，保存期限为冷藏2天、制成冰块可以保存15天。

★ 乌龙茶叶可以换成阿萨姆红茶、锡兰红茶、伯爵红茶等。

花果粒茶

2000毫升
1份

材料

干燥花果粒茶 / 58 克

热开水（92 ~ 95℃）/ 1100 毫升

冰块 / 1000 克

做法

1 取一个深口不锈钢锅，加入适量热水温锅，倒掉热水后于锅中放入花果粒茶，缓缓冲入热开水于锅中，盖上锅盖，闷泡20分钟。

2 将茶汤过滤于另一容器中，加入冰块让茶汤急速冷却即可。

| 花老师叮咛 |

★ 泡花果粒茶水温尽量维持在92~95℃，以确保花果粒能完全释出风味。

★ 如果没有温度计，可取1100毫升水煮滚后离火，加入2~3块冰块于滚水中，稍微搅拌即可到达预期水温，就可以泡干燥花果粒茶了。

★ 茶汤保存期限为冷藏2天、制成冰块可以保存15天。

★ 花果粒茶为无咖啡因茶品，必须慎选商家购买，以确保产品封包方式及新鲜度。

★ 花果粒茶冲泡后颜色偏酒红色，味酸香，可用于制作冰块、调制酒类，加入气泡水或果汁饮用。

★ 花果粒茶带有酸味，与乳制品等含蛋白质的饮品搭配，容易造成凝固结块的现象。

蝶豆花茶

材料 ———————————

干燥蝶豆花 / 3 克
热开水（85～90℃）/ 1500 毫升
冰块 / 500 克

————————————————

做法

1 取一个深口不锈钢锅，加入适量热水温锅，倒掉热水后于锅中放入蝶豆花，缓缓冲入热开水于锅中，盖上锅盖，闷泡10～12分钟。

2 将茶汤过滤于另一容器中，加入冰块让茶汤急速冷却即可。

| 花老师叮咛 |

★ 泡蝶豆花水温尽量维持在85～90℃，以确保蝶豆花能完全释出颜色。

★ 如果没有温度计，可取1500毫升水煮滚后离火，加入6～7块冰块于滚水中，稍微搅拌即可到达预期水温，就可以泡干燥蝶豆花了。

★ 茶汤保存期限为冷藏2天、制成冰块可以保存15天。

★ 蝶豆花茶为无咖啡因茶品，必须慎选商家购买，以确保产品封包方式及新鲜度。

★ 蝶豆花茶冲泡后颜色呈蓝紫色，无明显气味，可用于制作冰块、调制酒类，或是加入气泡水或果汁饮用。

★ 蝶豆花含大量花青素，与酸性液体混合会使颜色有不同程度的变化。孕妇慎食。

柠檬乌龙茶

材料

冻顶乌龙茶叶 / 35 克
黄柠檬 / 1 个
热开水（92 ～ 95℃）/ 2100 毫升

做法

1 黄柠檬洗净后擦干水分，削下柠檬皮，切丝后用手稍微挤压备用。

2 取一个深口不锈钢锅，加入适量热水温锅，倒掉热水后于锅中放入茶叶，缓缓冲入热开水于锅中，盖上锅盖，闷泡15分钟。

3 倒入黄柠檬皮，盖上锅盖，闷泡5分钟后，将茶汤过滤于另一容器中放凉，即可冷藏保存。

| 花老师叮咛 |

★ 泡乌龙茶水温尽量维持在92～95℃，以确保茶叶能完全释出风味。

★ 如果没有温度计，可取2100毫升水煮滚后离火，加入7～8块冰块于滚水中，稍微搅拌即可到达预期水温，就可以泡乌龙茶了。

★ 茶汤保存期限为冷藏2天、制成冰块可以保存15天。

★ 避免削下柠檬皮下白色皮层，才不会使成品带较重苦味而影响口感。

玫瑰包种茶

2000毫升
1份

材料 ————————————

文山包种茶叶 / 35 克
新鲜玫瑰花瓣 / 12 克
热开水（85 ~ 90℃）/ 2100 毫升

｜花老师叮咛｜

★ 冲泡包种茶水温尽量维持在85~
90℃，以确保茶叶能完全释出风味。

★ 如果没有温度计，可取2100
毫升水煮滚后离火，加入7~8
块冰块于滚水中，稍微搅拌即可
到达预期水温，就可以泡包种茶
叶了。

★ 玫瑰花必须于茶叶浸泡3分钟
后加入，因为花茶冲泡适合较低
水温冲泡，风味最佳。

★ 茶汤保存期限为冷藏2天、制
成冰块可以保存15天。

做法

1 取一个深口不锈钢锅，加入
适量热水温锅，倒掉热水后于锅
中放入茶叶，缓缓冲入热开水于
锅中，盖上锅盖，闷泡3分钟。

2 倒入玫瑰花瓣，盖上锅盖，
闷泡5~7分钟。

3 将茶汤过滤于另一容器中放
凉，即可冷藏保存。

决明子红茶

2000毫升
1份

材料

锡兰红茶叶 / 35 克
熟决明子 / 8 克
热开水（92 ~ 95℃）/ 2100 毫升

做法

1 茶叶、熟决明子混合备用。

2 取一个深口不锈钢锅，加入适量热水温锅，倒掉热水后于锅中放入混合好的茶叶与熟决明子，缓缓冲入热开水于锅中，盖上锅盖，闷泡20分钟。

3 将茶汤过滤于另一容器中放凉，即可冷藏保存。

| 花老师叮咛 |

★ 冲泡红茶水温尽量维持在92~95℃，以确保茶叶能完全释出风味。

★ 如果没有温度计，可取2100毫升水煮滚后离火，加入2~3块冰块于滚水中，稍微搅拌即可到达预期水温，就可以泡红茶叶和决明子了。

★ 茶汤保存期限为冷藏2天、制成冰块可以保存15天。

冷泡玄米茶

200毫升
1份

材料

玄米茶包 / 1包（2.3～2.6克）
常温水（27～30℃）/ 210毫升

做法

1 玄米茶包放入干燥容器中。

2 倒入常温水，盖上瓶盖并转紧，冷藏8～10小时，取出茶包即可饮用。

| 花老师叮咛 |

★ 市售茶包大部分钉有标签，要除去标签后才能泡入常温水中。

★ 若室温较高或是天气炎热，倒入常温水后要立即冷藏，以防变质。

冷泡桂花乌龙茶 500毫升 1份

材料

冻顶乌龙茶叶 / 8 克

干燥桂花 / 1 克

常温水（27 ~ 30℃）/ 510 毫升

做法

1 乌龙茶叶、干燥桂花放入干燥容器中。

2 倒入常温水，盖上瓶盖并转紧，冷藏8 ~ 10小时，滤出茶叶即可饮用。

| 花老师叮咛 |

★ 使用茶叶冲泡，建议于饮用时将茶叶过滤，会更方便饮用。

★ 也可将茶叶放入茶袋中，冲泡完成后直接将茶袋取出。

★ 干燥桂花也可换成其他富含香气的花卉或水果干，如新鲜玫瑰花、干燥薰衣草、干燥玫瑰花、水蜜桃干等。

冷泡荞麦茶

材料

荞麦 / 12 克
常温水（27 ~ 30℃）/ 510 毫升

| 花老师叮咛 |

★ 冷泡后的荞麦可以一起食用。
★ 炒荞麦时忌用大火，用中小火干炒，才能慢慢炒出香味。

做法

1 荞麦冲洗干净，铺于垫有厚纸巾的盘子中，晾一晚。将荞麦放入炒锅，以中小火干炒至荞麦外皮稍微裂开并且飘出香气，关火后倒出放凉，再放入干燥容器中。

2 倒入常温水，盖上瓶盖并转紧，冷藏8 ~ 10小时即可饮用。

鲜榨冰柠红茶

430毫升
1杯

材料

绿柠檬 / 1/2 个
红茶冰块 / 60 克 (P222)
黄糖浆 / 60 毫升 (P197)
浓基底红茶 / 120 毫升 (P035)
冰块 / 60 克

做法

1 绿柠檬洗净后擦干水分，再放入杯中，稍微捣压出汁及香气，加入红茶冰块备用。

2 依序将浓基底红茶、黄糖浆、冰块放入果汁机中，用高速搅打2~3秒钟（呈碎冰状），再倒入装有绿柠檬的杯中即可。

| 花老师叮咛 |

★ 可以加入爱玉冻（P219）一起饮用。

姜味柠檬红茶

430毫升
1杯

材料 ———————————

黄柠檬 / 1/2 个

姜 / 5 克

浓基底红茶 / 220 毫升 (P035)

姜味糖浆 / 40 毫升 (P206)

白糖浆 / 20 毫升 (P195)

冰块 / 120 克

———————————

做法

1 黄柠檬洗净后擦干水分，切小块；姜洗净后去外皮，切薄片，备用。

2 黄柠檬块、姜片放入杯中，稍微捣压出汁及香气。

3 依序将浓基底红茶、姜味糖浆、白糖浆、冰块放入果汁机中，用高速搅打2～3秒钟（呈碎冰状），再倒入装有黄柠檬块和姜片的杯中即可。

| 花老师叮咛 |

★ 这里用的姜是鲜姜，也可用老姜替换。

柠香葡萄红茶

450毫升 / 1 杯

材料 ————————————

绿柠檬 / 1/2 个
无子白葡萄 / 4 个
浓基底红茶 / 220 毫升 P035
黄糖浆 / 50 毫升 P197
冰块 / 120 克

做法

1 绿柠檬洗净后擦干水分，切小块；葡萄洗净后对切，备用。

2 将绿柠檬块、浓基底红茶放入果汁机中，用高速搅打10秒钟（切碎柠檬块），将茶汤滤出备用。

3 依序将已过滤的茶汤、葡萄、黄糖浆、冰块放入果汁机中，用高速搅打2~3秒钟（呈碎冰状）即可。

| 花老师叮咛 |

★ 葡萄可以替换为荔枝。
★ 浓基底红茶与柠檬块搅打后一定要过滤，成品才会爽口。

柠檬薄荷红茶

450毫升
1 杯

材料

新鲜薄荷叶 / 2 克

浓基底红茶 / 220 毫升 (P035)

黄柠檬汁 20 毫升

黄柠檬糖浆 / 30 毫升 (P201)

薄荷糖浆 / 10 毫升 (P205)

冰块 / 150 克

做法

1 薄荷叶洗净后晾干，取下叶片备用。

2 依序将浓基底红茶、黄柠檬汁、黄柠檬糖浆、薄荷糖浆、薄荷叶、冰块放入果汁机中。

3 用高速搅打20秒钟（薄荷叶呈细碎状），再倒入杯中即可。

| 花老师叮咛 |

★ 黄柠檬汁可以用绿柠檬汁代替。

★ 可于饮用时放入黄柠檬片或黄柠檬块，稍微挤压，喝起来更清爽。

瑰丽黄柠红茶 430毫升 1杯

材料

浓基底红茶 / 250 毫升 (P035)

黄柠檬汁 / 10 毫升

玫瑰糖浆 / 40 毫升 (P202)

白糖浆 / 20 毫升 (P195)

冰块 / 120 克

做法

1 依序将浓基底红茶、黄柠檬汁、玫瑰糖浆、白糖浆、冰块放入果汁机中。

2 用高速搅打至均匀（呈碎冰状），倒入杯中即可。

| 花老师叮咛 |

★ 浓基底红茶可用浓基底绿茶代替，尝尝不一样的风味。

★ 也可以绿柠檬替换黄柠檬。

桂花乌龙茶

450毫升
1杯

材料

浓基底乌龙茶 / 250 毫升 (P036)
桂花糖浆 / 40 毫升 (P199)
冰块 / 50 克
乌龙茶冰块 / 100 克 (P221)

做法

1 依序将浓基底乌龙茶、桂花糖浆、冰块、乌龙茶冰块放入果汁机中。

2 用高速搅打2~3秒钟（呈碎冰状），即可倒入杯中。

| 花老师叮咛 |

★ 浓基底乌龙茶可以换成浓基底红茶（P35）。

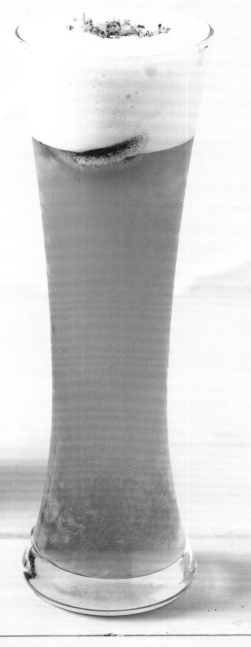

430毫升 1 杯

迷迭乌龙茶

材料

新鲜迷迭香 / 1 株（3 克）

浓基底乌龙茶 / 250 毫升 (P036)

绿柠檬汁 / 10 毫升

迷迭柠檬糖浆 / 40 毫升 (P205)

乌龙茶冰块 / 120 克 (P221)

| 花老师叮咛 |

★ 也可以切一小片柠檬皮放入杯中，挤压出香气后再涂抹于杯口及杯身。

做法

1 迷迭香用手拍打后使其释出香味，再涂抹于杯子内缘、杯口及杯身。

2 依序将浓基底乌龙茶、绿柠檬汁、迷迭柠檬糖浆、乌龙茶冰块放入果汁机中，用高速搅打2~3秒钟（呈碎冰状），即可倒入杯中。

游龙戏凤

430毫升
1杯

材料

绿柠檬汁 / 20 毫升

菠萝（去皮）/ 80 克

黄糖浆 / 60 毫升 (P197)

凉白开 / 120 毫升

乌龙茶冰块 / 120 克 (P221)

| 花老师叮咛 |

★ 如果来不及制作浓基底乌龙茶，
也可以使用市售无糖乌龙茶制作
冰块。

★ 如果没有鲜菠萝，也可选择菠
萝罐头，但是香气比新鲜菠萝差一
点，而且菠萝罐头甜度比较高，所
以必须注意糖浆使用分量。

做法

1 菠萝洗净，切块。

2 依序将菠萝块、绿柠檬汁、
黄糖浆、凉白开、80克乌龙茶
冰块放入果汁机中。

3 用高速搅打至无冰块撞击
声，再加入剩余乌龙茶冰块，
用高速搅打2~3秒钟（呈碎冰
状），即可倒入杯中。

奇异百香冰茶

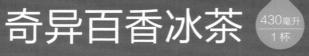

430毫升
1 杯

材料 —————————

狝猴桃（奇异果）/ 1 个

浓基底绿茶 / 180 毫升 P028

西番莲糖浆 / 30 毫升 P200

黄糖浆 / 20 毫升 P197

冰块 / 180 克

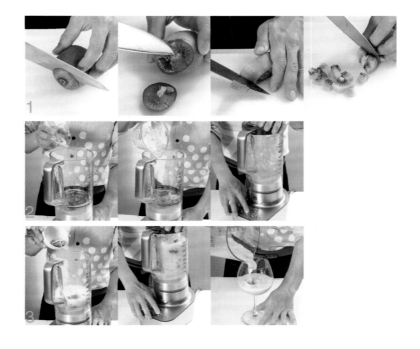

做法

1 猕猴桃洗净后擦干水分，切除两端，去硬心和皮，再将果肉切小块备用。

2 依序将浓基底绿茶、西番莲糖浆、黄糖浆、冰块放入果汁机中，先用高速搅打2～3秒钟（呈碎冰状）。

3 放入猕猴桃果肉，以高速搅打2～3秒钟（猕猴桃呈碎粒状），倒入杯中。

| 花老师叮咛 |

★ 放入猕猴桃后搅打时间不宜太久，可以保留猕猴桃颗粒口感，成品也更美观。

柠檬冰茶

430毫升
1杯

材料———————————

绿柠檬 / 1/2 个

浓基底绿茶 / 250 毫升 (P028)

黄糖浆 / 60 毫升 (P197)

冰块 / 150 克

———————————

做法

1 绿柠檬洗净后擦干水分，切小块备用。

2 将绿柠檬、浓基底绿茶放入果汁机中，先用高速搅打约10秒钟（切碎绿柠檬），将茶汤滤出备用。

3 依序将已经过滤的茶汤、黄糖浆、冰块放入果汁机中，用高速搅打2~3秒钟（呈碎冰状），即可倒入杯中。

| 花老师叮咛 |

★ 绿柠檬也可以换成黄柠檬。

★ 浓基底绿茶与绿柠檬搅打后一定要过滤，才不会影响口感。

★ 可以加入彩虹粉圆（P214）或手工粉条（P218），以增加口感。

覆盆子
柳橙冰茶

430毫升 / 1杯

材料

柳橙 / 1/2 个
覆盆子糖浆 / 40 毫升 (P203)
浓基底绿茶 / 200 毫升 (P028)
香橙糖浆 / 20 毫升 (P203)
冰块 / 120 克

| 花老师叮咛 |

★ 柳橙白色皮层部分虽然富含营养，但较苦涩，请务必将白色部位去除，才能避免口感不佳。

做法

1 柳橙洗净后擦干水分，去皮后切小块；将覆盆子糖浆、一半冰块放入杯中。

2 依序将浓基底绿茶、柳橙、香橙糖浆、剩余的冰块放入果汁机中，用高速搅打约10秒钟，再缓缓倒入装有覆盆子糖浆的杯中即可。

金橘
薄荷冰茶

430毫升
1 杯

材料

金橘 / 3 个

白糖浆 / 10 毫升 (P195)

新鲜薄荷叶 / 2 克

浓基底绿茶 / 250 毫升 (P028)

薄荷糖浆 / 40 毫升 (P205)

冰块 / 120 克

做法

1 金橘洗净后擦干水分，对切，放入杯中，倒入白糖浆，捣压出金橘汁。

2 薄荷叶用手拍出香气，也放入杯中。

3 依序将浓基底绿茶、薄荷糖浆、冰块放入果汁机中，用高速搅打2～3秒钟（呈碎冰状），再倒入装有薄荷和金橘的杯中即可。

| 花老师叮咛 |

★ 若没有新鲜薄荷叶，也可以不加。

★ 材料中的浓基底绿茶可以用冲泡好的花果粒茶（P37）代替。

百香柠檬冰茶

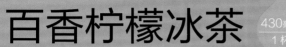

430毫升／1杯

材料

西番莲（百香果）/ 1 个（果肉约 40 克）
黄柠檬糖浆 / 20 毫升 P201
浓基底绿茶 / 200 毫升 P028
西番莲糖浆 / 40 毫升 P200
冰块 / 120 克

做法

1 从西番莲顶端处切开，挖出果肉，放入杯中。

2 加入黄柠檬糖浆，搅拌均匀备用。

3 依序将浓基底绿茶、西番莲糖浆、冰块放入果汁机中，用高速搅打2～3秒钟（呈碎冰状），倒入装有西番莲的杯中即可。

| 花老师叮咛 |

★ 新鲜西番莲先在杯中与黄柠檬糖浆搅拌，可以通过糖浆综合西番莲的酸味。

★ 不要将新鲜带子的西番莲果肉放入果汁机中搅打，这样做会影响成品色泽及口感。

★ 可以与彩虹粉圆（P214）、手工粉条（P218）、爱玉冻（P219）一起饮用，能增加口感。

玫瑰百香冰茶

430毫升 / 1 杯

材料

西番莲 / 1 个（果肉约 40g）

西番莲糖浆 / 20 毫升 P200

浓基底绿茶 / 200 毫升 P028

玫瑰糖浆 / 20 毫升 P202

冰块 / 120 克

做法

1 从西番莲顶端处切开，挖出果肉，放入杯中，加入西番莲糖浆搅拌均匀。

2 依序将浓基底绿茶、玫瑰糖浆、冰块放入果汁机中，用高速搅打 2~3秒钟（呈碎冰状），再倒入装有西番莲的杯中即可。

| 花老师叮咛 |

★ 带子的西番莲果肉不建议放入果汁机中一起搅打。

青柠玫瑰冰茶

430毫升 / 1杯

材料

浓基底绿茶 / 250 毫升 (P028)

绿柠檬汁 / 10 毫升

玫瑰糖浆 / 40 毫升 (P202)

白糖浆 / 10 毫升 (P195)

冰块 / 120 克

做法

1 依序将浓基底绿茶、绿柠檬汁、玫瑰糖浆、白糖浆、冰块放入果汁机中。

2 用高速搅打2~3秒钟（呈碎冰状），再倒入杯中即可。

| 花老师叮咛 |

★ 绿柠檬汁可以换成黄柠檬汁或是金橘汁。

★ 可以放入1~2个新鲜荔枝果肉一起搅打，香气更浓。荔枝甜度较高，若加入荔枝，白糖浆可以减量或不加。

金橘桂花冰茶 430毫升 1杯

材料 ───────────────

金橘 / 2 个
黄糖浆 / 10 毫升 (P197)
浓基底绿茶 / 230 毫升 (P028)
桂花糖浆 / 40 毫升 (P199)
冰块 / 130 克

───────────────

做法

1 金橘洗净后擦干水分，对切，放入杯中，加入黄糖浆，捣压出金橘汁备用。

2 依序将浓基底绿茶、桂花糖浆、冰块放入果汁机中。

3 用高速搅打2~3秒钟（呈碎冰状），再倒入装有金橘的杯中即可。

│ 花老师叮咛 │

★ 金橘可以用新鲜金枣替换，味道也非常棒。
★ 皮薄汁多且口味清香的金橘，含丰富的胡萝卜素、维生素C，适合制作各种饮品。

香芒乳酸冰茶

430毫升
1 杯

材料

西番莲 / 1 个（果肉约 40 克）

白糖浆 / 20 毫升 P195

鲜芒果丁 / 50 克

浓基底绿茶 / 120 毫升 P028

乳酸饮料（多用养乐多）/ 100 毫升

西番莲糖浆 / 20 毫升 P200

冰块 / 120 克

做法

1 从西番莲顶端处切开，挖出果肉，放入杯中，加入白糖浆搅拌均匀。

2 依序将浓基底绿茶、芒果丁、乳酸饮料、西番莲糖浆、冰块放入果汁机中。

3 用高速搅打2~3秒钟（呈碎冰状），再倒入装有西番莲的杯中即可。

| 花老师叮咛 |

★ 乳酸饮料含糖量较高，也可以不加白糖浆。

★ 西番莲香味浓郁，含丰富的胡萝卜素和膳食纤维，能促进肠胃蠕动，缓解便秘，维护心血管健康。

橙柚冰茶

430毫升 / 1 杯

材料

葡萄柚 / 1.5 个
浓基底绿茶 / 180 毫升 P028
柳橙汁 / 50 毫升
香橙糖浆 / 20 毫升 P203
白糖浆 / 10 毫升 P195
冰块 / 120 克

做法

1 葡萄柚对切，剥下60克果肉，切小丁，放入杯中。将剩余葡萄柚榨成汁备用。

2 依序将浓基底绿茶、葡萄柚汁（约50毫升）、柳橙汁、香橙糖浆、白糖浆、冰块放入果汁机中。

3 用高速搅打2~3秒钟（呈碎冰状），再倒入装有葡萄柚丁的杯中即可。

| 花老师叮咛 |

★ 用不完的葡萄柚汁可以制成冰块使用。

★ 葡萄柚白色皮层味道苦涩且纤维较粗，所以在去皮时尽量将白色部分去干净。

★ 剥葡萄柚果肉时，可以一起剥除果肉夹层中较硬的皮膜，更能保持果肉完整性，在饮用时口感更佳。

薄荷百凤冰茶

430毫升 / 1 杯

材料

菠萝（去皮）/ 60 克

新鲜薄荷叶 / 2 克

薄荷糖浆 / 30 毫升 (P205)

柠檬汁 / 5 毫升

浓基底绿茶 / 200 毫升 (P028)

西番莲糖浆 / 20 毫升 (P200)

冰块 / 120 克

做法

1 菠萝切小块；薄荷叶洗净后擦干水分，并用手拍打使其释出香气。

2 将薄荷叶放入杯中，加入薄荷糖浆、柠檬汁搅拌均匀。

3 依序将浓基底绿茶、西番莲糖浆、菠萝块、冰块放入果汁机中，用高速搅打至无冰块撞击声，再倒入杯中即可。

| 花老师叮咛 |

★ 必须将菠萝及冰块搅打至无颗粒状，饮用时口感才佳。

芒橘乳酸冰茶

430毫升 1杯

材料

金橘 / 2 个

白糖浆 / 10 毫升 (P195)

新鲜芒果丁 / 50 克

浓基底绿茶 / 120 毫升 (P028)

乳酸饮料 / 100 毫升

冰块 / 120 克

做法

1 金橘洗净后擦干水分，对切，放入杯中，加入白糖浆，捣压出汁备用。

2 依序将芒果丁、浓基底绿茶、乳酸饮料、冰块放入果汁机中。

3 用高速搅打2~3秒钟（呈碎冰状），倒入装有金橘的杯中即可。

│ 花老师叮咛 │

★ 乳酸饮料含糖量较高，也可以不加白糖浆。

★ 芒果果肉香甜细滑，是夏日代表性水果之一，富含膳食纤维、胡萝卜素、B族维生素、维生素C等营养素。

幻象覆盆子冰茶

430毫升
1杯

材料

覆盆子糖浆 / 30 毫升 (P203)

乳酸饮料 / 100 毫升

蝶豆花冰块 / 60 克 (P222)

蝶豆花茶 / 150 毫升 (P038)

蝶豆花糖浆 / 20 毫升 (P196)

冰块 / 60 克

| 花老师叮咛 |

★ 将果汁机中的液体缓缓倒入杯中，会让成品有渐层，饮用时搅拌均匀就可以喝了。

做法

1 将覆盆子糖浆、乳酸饮料倒入杯中，搅拌均匀，放入蝶豆花冰块备用。

2 依序将冷却的蝶豆花茶、蝶豆花糖浆、冰块倒入果汁机中，用高速搅打2~3秒钟（呈碎冰状）。

3 再缓缓倒入装有覆盆子糖浆的杯中，饮用时拌匀即可。

紫光柠檬冰茶

材料

蝶豆花糖浆 / 40 毫升 (P196)

绿柠檬汁 / 40 毫升

蝶豆花冰块 / 60 克 (P222)

浓基底绿茶 / 220 毫升 (P028)

白糖浆 / 10 毫升 (P195)

冰块 / 60 克

| 花老师叮咛 |

★ 饮用前必须将底部糖浆往上搅拌均匀。

★ 绿柠檬果汁的酸度比黄柠檬高，可以提升饮品的酸度，更有利于解腻消脂。

做法

1 蝶豆花糖浆、绿柠檬汁倒入杯中，搅拌均匀，放入蝶豆花冰块备用。

2 依序将浓基底绿茶、白糖浆、冰块倒入果汁机中，用高速搅打2~3秒钟（呈碎冰状）。

3 再缓缓倒入装有绿柠檬汁和蝶豆花糖浆的杯中，饮用时拌匀即可。

发泡鲜奶茶

450毫升
1杯

材料

全脂鲜奶 / 200 毫升
白糖浆 / 30 毫升 (P195)
浓基底红茶 / 100 毫升 (P035)
红茶冰块 / 120 克 (P222)

做法

1 全脂鲜奶打发成奶泡（至少静置2分钟）备用。

2 白糖浆倒入杯中；用汤匙阻隔打发的奶泡，将鲜奶倒入杯中；将鲜奶、白糖浆慢慢搅拌均匀。

3 杯中放入红茶冰块，将浓基底红茶缓缓倒入杯中，用汤匙取出一些奶泡铺在成品最上层即可。

| 花老师叮咛 |

★ 鲜奶温度越低越好，打发出来的奶泡效果更好。

★ 可用浓基底乌龙茶代替浓基底红茶，做成乌龙鲜奶茶。

咸焦糖鸳鸯奶茶

430毫升 / 1 杯

材料 ——————————————

全脂鲜奶 / 180 毫升

黄糖浆 / 15 毫升 (P197)

咸焦糖酱 / 20 毫升 (P198)

黑咖啡冰块 / 100 克 (P221)

浓基底红茶 / 120 毫升 (P035)

玫瑰盐 / 1/4 小匙（约 1 克）

——————————————

注：1 小匙通常为 5 毫升或 4 ～ 5 克。

做法

1 全脂鲜奶打发成奶泡（至少静置2分钟）备用。

2 黄糖浆、咸焦糖酱放入杯中，用汤匙阻隔打发的奶泡，将鲜奶缓缓倒入杯中，搅拌均匀。

3 接着放入黑咖啡冰块，将浓基底红茶缓缓倒入杯中，用汤匙取出一些奶泡铺在成品最上层，撒上玫瑰盐即可。

| 花老师叮咛 |

★ 也可以试着用冰咖啡与红茶冰块调配，风味会截然不同。

★ 添加少许玫瑰盐，可以让这款饮品带点咸咸的清香。

★ 务必用汤匙阻隔奶泡，可避免奶泡与鲜奶一起倒入杯中。

豆奶一条龙

450毫升
1 杯

材料

黄糖浆 / 30 毫升 (P197)

浓基底乌龙茶 / 100 毫升 (P036)

乌龙茶冰块 / 120 克 (P221)

豆浆 / 200 毫升

手工粉条 / 30 克 (P218)

做法

1 黄糖浆、浓基底乌龙茶倒入杯中，搅拌均匀，放入乌龙茶冰块。

2 将豆浆缓缓倒入杯中，加入手工粉条即可。

| 花老师叮咛 |

★ 手工粉条也可以换成粉圆。

★ 将黄糖浆换成桂花糖浆（P199），别有一番风味。

姜味珍珠
奶茶

430毫升
1 杯

材料

全脂鲜奶 / 150 毫升
姜味糖浆 / 20 毫升 (P206)
肉桂糖浆 / 10 毫升 (P204)
冰块 / 120 克
浓基底红茶 / 150 毫升 (P035)
彩虹粉圆 / 15 克 (P214)
手工粉条 / 15 克 (P218)

做法

1 全脂鲜奶打发成奶泡（至少静置2分钟）备用。

2 姜味糖浆、肉桂糖浆倒入杯中，用汤匙阻隔打发的奶泡，将鲜奶倒入杯中，搅拌均匀。

3 接着放入冰块，将浓基底红茶缓缓倒入杯中，用汤匙取出一些奶泡铺在成品最上层，加入手工粉条、彩虹粉圆即可。

| 花老师叮咛 |

★ 鲜奶放入冰箱冷藏的适宜温度为5～8℃，取出后立即使用，更容易打发成奶泡。

★ 可以用浓基底乌龙茶代替浓基底红茶，做成乌龙鲜奶茶。

肉桂珍珠奶茶

430毫升
1 杯

材料 ——————————

肉桂糖浆 / 20 毫升 P204
彩虹粉圆 / 30 克 P214
红茶冰块 / 150 克 P222
黑糖浆 / 20 毫升 P197
全脂鲜奶 / 150 毫升
浓基底红茶 / 100 毫升 P035

做法

1 肉桂糖浆、彩虹粉圆放入杯中，稍微搅拌，加入红茶冰块。

2 另外取一个杯子，放入黑糖浆、全脂鲜奶，搅拌均匀后倒入装有肉桂糖浆的杯中。

3 再将浓基底红茶缓缓倒入杯中，食用时拌匀即可。

| 花老师叮咛 |

★ 全脂鲜奶可以换成豆浆。
★ 饮用前必须将鲜奶、红茶、杯底的彩虹粉圆、糖浆充分搅拌均匀。

姜味乌龙奶茶

360毫升 / 1杯

材料

姜味糖浆 / 15 毫升 P206
肉桂糖浆 / 5 毫升 P204
全脂鲜奶 / 130 毫升
浓基底乌龙茶 / 180 毫升 P036
热开水 / 50 毫升

| 花老师叮咛 |

★ 茶汤与鲜奶可以用微波方式加热。

做法

1 将杯子先用热水温杯，倒掉杯中热水，再将姜味糖浆、肉桂糖浆放入杯中备用。

2 鲜奶隔热水以小火加热至70℃，取出后打发成奶泡（至少静置2分钟）备用。

3 浓基底乌龙茶、热开水拌匀，加热至稍沸腾，熄火。

4 用汤匙隔绝奶泡，将鲜奶倒入加热至稍沸的浓基底乌龙茶中，搅拌均匀。

5 将2大匙奶泡刮入杯中，将鲜奶乌龙茶缓缓倒入杯中，搅拌均匀，于杯口上方铺上剩余的奶泡即可。

迷迭柠香奶茶

450毫升 / 1 杯

材料 —————————

新鲜迷迭香 / 1 株（3 克）

红茶冰块 / 120 克 P222

迷迭柠檬糖浆 / 30 毫升 P205

全脂鲜奶 / 200 毫升

浓基底红茶 / 100 毫升 P035

做法

1 新鲜迷迭香用手拍打出香气，再涂抹于杯身及杯口，并在杯中放入红茶冰块。

2 取糖盅、奶盅，分别倒入迷迭柠檬糖浆、全脂鲜奶。

3 将浓基底红茶倒入一个壶具中，根据个人喜好调配糖浆、鲜奶饮用。

| 花老师叮咛 |

★ 红茶冰块也可以用一般的冰块代替，但冰块化开后，饮品的口感将随之变淡。

★ 也可将所有材料放在同一个杯中，调制完成后即可享用。

多变蔬果汁

蔬菜汁！许多人心里一定飘过大自然的味道。本章将告诉你如何让蔬果汁健康又好喝，赶快试试看吧！

蔬果汁给大家的印象通常是健康但不太好喝。其实让蔬果汁变得健康又好喝并不难，第一步就是选择适当的调制工具，第二步就是进行分类，分出主食材、副食材、媒介、配料、调味品，善用各类食材的气味及特性，并且活用下列法则，就可以让蔬果汁变得健康又好喝！

味道柔和顺口的方法

若选择胡萝卜、西芹、苦瓜、甜菜根等气味较涩的蔬菜为主食材，那么副食材则建议选择苹果、柠檬、柑橘类、菠萝、荔枝等气味浓香或是甜度稍高的水果，这样可以有效综合蔬菜的生涩气味，让蔬果汁口感更柔和顺口。

妥善清洗蔬果更安心

蔬果必须妥善刷洗、清洁，以免农药、泥沙残留，清洗后务必沥干或擦干水分。

用密封盒或密封袋保存

蔬果沥干水分后再分切，如果不是立刻使用，可以放入保鲜盒、密封袋中，冷藏保存并且注明保鲜期限，但应尽快食用完毕。

选择时令蔬果更佳

时令蔬果除了价格亲民之外，其品质、风味、甜度、外观、营养成分都让人惊艳。可以先了解食材属性是偏寒、偏热或是平性，以便更有效地发挥主食材的营养，再善用副食材做调味，就可以让蔬果汁更美味。

避免摄取太多糖分

注意饮用分量及糖分的摄取量，时令蔬果的甜度、香气、口感都令人赞赏，但若食用太多，特别是制成液态的蔬果汁，可能一不小心就喝了两三杯，容易造成糖分摄取过量的问题。

快速补充营养素

蔬果汁是补充营养素快速有效的方式，制作简便迅速，但不要大口畅饮，也不能只靠蔬果汁补充营养素。

解决水分太少的问题

蔬果本身所含的水分，会因为种类与所产季节不同而有多寡之分，水分太少的蔬果，会影响制作，如果汁机或是冰沙机运作不顺畅，而让制作时间延长，甚至发生无法切碎、无法搅打到位，所以在制作蔬果汁时，加入适量饮用水作为食材

混合的媒介是必要的。除了饮用水之外，也可以选择全脂或低脂鲜奶、豆浆、乳酸饮料、无糖酸奶等作为媒介，除了提供水分之外，还可让营养和美味再升级。

加入适量坚果添口感

可以加入适量原味坚果作为配料，除了补充矿物质、蛋白质和维生素之外，也可以调和某些蔬果的口感，使蔬果汁更香浓、有咀嚼感。

使用自制糖浆调味

使用自制糖浆作为调味品，不仅喝起来更放心，也让口味有更多的变化。即使是自制糖浆，仍然需要视食材的甜度决定糖浆的使用量。

避免全部食材气味太强烈

在制作蔬果汁时，请避免将各种气味强烈的蔬果全部丢进果汁机中搅打，例如：苦瓜＋西芹＋青椒＋胡萝卜＋甜菜根＋柠檬＋菠萝，看起来非常营养，但这杯蔬果汁的口味应该特别强劲，包含苦、涩、酸、甜。

注意食材放入果汁机的顺序

先将质地较软的食材放入果汁机或是冰沙机，接着是液体（如糖浆、鲜奶）及质地较硬的食材（如坚果），而冰块则最后放入，这样有助于榨汁，也能让蔬果汁口感更佳。

加些冰块避免温度上升

果汁机或是冰沙机运转时会产生热能，可能影响食材的质地与口感，所以在制作时，可以放些冰块，能有效防止机体温度上升。如果不喜欢加冰块，也可以先将食材冷藏，取出后立刻打汁，饮用时就不会那么冰凉了。

蔬果汁最好现做现喝

蔬果汁新鲜为要，建议现做现喝。蔬果汁不要预先制作存放，以免营养素流失，口感及卖相变差。

苹果西芹胡萝卜汁

250毫升
2 杯

材料

苹果 / 120 克

绿柠檬 / 30 克

胡萝卜 / 50 克

西芹 / 50 克

凉白开 / 50 毫升

西番莲糖浆 / 30 毫升 P200

原味综合熟坚果 / 20 克

冰块 / 120 克

1 将苹果、绿柠檬、胡萝卜仔细刷洗外皮。胡萝卜、绿柠檬切小块；苹果去子后切小块；西芹去粗纤维后洗净，切小块。

● 蔬果皮含丰富的植物化学物，有抗氧化、强化免疫系统等益处，若不介意咀嚼上有一点点渣感，建议将蔬果外皮仔细洗净后一起放入果汁机搅打。

2 依序将苹果、绿柠檬、西芹、胡萝卜、凉白开、西番莲糖浆、原味综合熟坚果、冰块放入果汁机中。

● 材料加入果汁机的顺序是：质地较软的食材先放，越硬的越后放，冰块太早放会化开而影响搅打效果。

● 柠檬皮富含类黄酮、多酚，属于抗氧化物质，建议连皮一起放入果汁机搅打。

● 坚果富含镁、不饱和脂肪酸，能促进心血管健康，一起加入搅打，也能增加口感。

3 用高速搅打至无冰块撞击声，而且呈细致光滑状，再倒入杯中即可。

● 为了保留营养素及避免产生上下层分离，建议现打现喝。

● 如果喜欢蔬果汁有咀嚼感，则果肉不要打得太细，或是在第二阶段加入。

● 如果加入香蕉、芒果、冰激凌、酸奶等食材，则制作完成的蔬果汁会比较浓稠。

| 430毫升 |
| 1杯 |

菠萝香蕉奶昔

材料

香蕉（去皮）/ 100 克
菠萝 / 90 克
绿柠檬汁 / 10 毫升
无糖酸奶 / 90 毫升
原色冰糖浆 / 20 毫升 P199
原味综合熟坚果 / 20 克
冰块 / 100 克

做法

1 香蕉切小块；菠萝去皮后切小块。

2 依序将香蕉、菠萝、绿柠檬汁、无糖酸奶、原色冰糖浆、原味综合熟坚果、冰块放入果汁机中。

3 用高速搅打至无冰块撞击声，而且呈浓稠细滑状，再倒入杯中即可。

| 花老师叮咛 |

★ 绿柠檬汁可以用黄柠檬汁代替。
★ 若不喜欢冰饮，可以将冰块用凉开水代替。

火龙果菠萝奶昔

430毫升
1 杯

材料

绿柠檬 / 1/3 个
红心火龙果（去皮）/ 200 克
菠萝 / 90 克
无糖酸奶 / 100 毫升
原色冰糖浆 / 10 毫升 (P199)
原味综合熟坚果 / 20 克
冰块 / 90 克

做法

1 绿柠檬洗净后擦干水分，切小块；红心火龙果切小块；菠萝去皮后切小块。

2 依序将菠萝、绿柠檬、无糖酸奶、原色冰糖浆、综合熟坚果、冰块放入果汁机中。

3 用高速搅打至无冰块撞击声，而且呈浓稠细滑状，再放入火龙果，用高速搅打3～5秒钟，使火龙果果肉混合均匀即可。

| 花老师叮咛 |

★ 红心火龙果可以用白心火龙果代替。

★ 火龙果必须注意搅打时间，以免火龙果子过度切碎，影响成品色泽。

★ 柠檬皮富含类黄酮及多酚，有抗氧化性，建议连皮一起放入果汁机搅打。

柳凤冻冻多

430毫升
1杯

材料

菠萝 / 60 克

柳橙 / 1 个

柠檬汁 / 10 毫升

无糖酸奶 / 120 毫升

原色冰糖浆 / 10 毫升 (P199)

爱玉冻 / 40 克 (P219)

冰块 / 100 克

做法

1 菠萝去皮后切小块；柳橙洗净后擦干水分，去皮及子，切小块。

2 爱玉冻切块，放入杯中。

3 依序将柳橙、菠萝、柠檬汁、无糖酸奶、原色冰糖浆、冰块放入果汁机中，用高速搅打至无冰块撞击声，而且呈浓稠细滑状，再倒入杯中即可。

| 花老师叮咛 |

★ 菠萝可以用苹果代替。

★ 建议在15分钟内喝完，风味最佳。

金橘芒果奶昔

430毫升
1杯

材料

金橘 / 4 个
芒果 / 150 克
凉白开 / 60 毫升
无糖酸奶 / 100 毫升
原色冰糖浆 / 20 毫升 P199
冰块 / 100 克

做法

1 金橘洗净后擦干水分，对切后榨汁；芒果去皮及核，切小块。

2 依序将金橘汁、凉白开、无糖酸奶、原色冰糖浆、冰块放入果汁机中。

3 用高速搅打至无冰块撞击声，而且呈浓稠细滑状，将芒果放入果汁机，用高速搅打2~3秒钟，倒入杯子混合均匀即可。

| 花老师叮咛 |

★ 芒果稍微搅打切碎即可，不用搅打太长时间，以保留芒果颗粒口感。

狝猴桃菠萝奶昔

材料 ————————

菠萝 / 50 克

绿柠檬 / 1/3 个

狝猴桃 / 2 个

无糖酸奶 / 100 毫升

原色冰糖浆 / 30 毫升 P199

冰块 / 100 克

做法

1 菠萝去皮后切小块；绿柠檬洗净后擦干水分，切小块；狝猴桃洗净后擦干水分，切除两端，去皮及硬心，再将果肉切小块。

2 依序将菠萝、绿柠檬、无糖酸奶、原色冰糖浆、冰块放入果汁机中。

3 用高速搅打至无冰块撞击声，而且呈浓稠细滑状，将狝猴桃放入果汁机，用高速搅打3~5秒钟，倒入杯中混合均匀即可。

| 花老师叮咛 |

★ 狝猴桃中间的硬心必须仔细清除干净，这样榨出的蔬果汁口感才好。

★ 狝猴桃搅打时间不宜过长，以免搅打过度而影响口感及色泽。

覆盆子香蕉奶昔

250毫升
2 杯

材料

香蕉（去皮）/ 100 克

覆盆子 / 60 克

全脂鲜奶 / 150 毫升

原色冰糖浆 / 50 毫升 P199

原味综合熟坚果 / 20 克

冰块 / 60 克

做法

1 香蕉切小块备用。

2 依序将香蕉、覆盆子、全脂鲜奶、原色冰糖浆、综合熟坚果、冰块放入果汁机中。

3 用高速搅打至无冰块撞击声，而且呈细致光滑状，再倒入杯中即可。

| 花老师叮咛 |

★ 鲜奶可以换成无糖酸奶或是乳酸饮料。

★ 可以用其他莓果类代替覆盆子，如草莓、蓝莓、黑醋栗等。也可使用冷冻莓果类。

柳橙木瓜奶昔

500毫升
2杯

材料

柳橙 / 1 个
木瓜 / 150 克
绿柠檬汁 / 10 毫升
无糖酸奶 / 60 毫升
原味综合熟坚果 / 20 克
原色冰糖浆 / 20 毫升 (P199)
冰块 / 100 克

| 花老师叮咛 |

★ 木瓜可以换为分量相同的香蕉。

★ 水果甜度若太高，可以将原色冰糖浆省略不加。

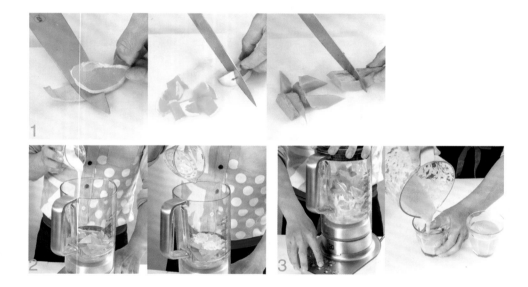

做法

1 柳橙去皮及子，切小块；木瓜去皮及子，切小块。

2 依序将柳橙、木瓜、绿柠檬汁、无糖酸奶、原色冰糖浆、综合熟坚果、冰块放入果汁机。

3 用高速搅打至无冰块撞击声，而且呈浓稠细滑状，再倒入杯中即可。

甜薯奶昔

材料

红薯 / 150 克
香草冰激凌 / 100 克
低脂鲜奶 / 250 毫升
原味熟综合坚果 / 20 克
冰块 / 40 克

做法

1 红薯连皮洗净，蒸熟，取出后放凉，去皮，切小块。

2 依序将红薯块、香草冰激凌、低脂鲜奶、综合熟坚果、冰块放入果汁机中。

3 用高速搅打至无冰块撞击声，而且呈浓稠细滑状，再倒入杯中即可。

| 花老师叮咛 |

★ 蒸红薯时，用叉子刺入红薯最厚处，感觉松软易穿透，表示熟了。

★ 红薯也可以换成煮熟的紫米，健康营养好。

★ 香草冰激凌可以用无糖酸奶代替，口感微酸，热量更低。

材料

木瓜 / 150 克   原味综合熟坚果 / 30 克
香草冰激凌 / 100 克 冰块 / 40 克
低脂鲜奶 / 120 毫升

做法

1 木瓜去皮及子，切小块备用。

2 依序将木瓜、香草冰激凌、低脂鲜奶、综合熟坚果、冰块放入果汁机中。

3 用高速搅打至无冰块撞击声，而且呈浓稠细滑状，再倒入杯中即可。

| 花老师叮咛 |

★ 鲜奶可以用无糖酸奶或无糖豆浆代替。

★ 木瓜果肉细滑，富含多种维生素，可有效补充人体的养分，还有助于肉类蛋白质分解，能减少肠胃负担。

材料

苹果 / 130 克   原味综合熟坚果 / 20 克
绿柠檬汁 / 15 毫升 冰块 / 100 克
凉白开 / 100 毫升
迷迭柠檬糖浆 / 30 毫升 P205

做法

1 苹果洗净后擦干水分，切小块备用。

2 依序将苹果、绿柠檬汁、凉白开、迷迭柠檬糖浆、综合熟坚果、冰块放入果汁机中。

3 用高速搅打至无冰块撞击声，而且呈细致光滑状，再倒入杯中即可。

| 花老师叮咛 |

★ 食材加入果汁机的顺序是：质地较软的先放，质地较硬的后放，最后是冰块。

★ 苹果皮富含营养素和植物化学物，有抗氧化、强化免疫系统等益处。

甜菜菠萝橙汁

250毫升 2 杯

材料

柳橙（去皮）/ 150 克
菠萝 / 80 克
甜菜根 / 50 克
西芹 / 50 克
绿柠檬汁 / 15 毫升
凉白开 / 50 毫升
原色冰糖浆 / 20 毫升 (P199)
原味综合熟坚果 / 20 克
冰块 / 120 克

做法

1 柳橙去子后切小块；菠萝、甜菜根去皮后切小块；西芹去粗纤维后洗净，切小块。

2 依序将柳橙、菠萝、西芹、甜菜根、绿柠檬汁、凉白开、原色冰糖浆、综合熟坚果、冰块放入果汁机中。

3 用高速搅打至无冰块撞击声，而且呈细致光滑状，再倒入杯中即可。

| 花老师叮咛 |

★ 柳橙可以换成葡萄柚。
★ 柳橙含丰富的维生素C，能提升免疫力，也可以淡化蔬菜的生涩口感，是制作饮品常选食材。

PART 3 沁心凉冰沙

冰沙，又称冻饮，是将新鲜水果冷冻后，再与鲜奶、酸奶等食材一起放入果汁机搅打成绵细雪泥状。冰沙不仅能够完整摄取水果营养，还能同时享受沁凉感。

冰沙也称作冻饮。如果形容水是饮品的根本，那么冰块就是制作冰沙的主角。冰沙为什么又叫冻饮？因为"冻饮"这两个字分别在夏天、冬天有不同的意义及感受，在夏天，听起来清凉畅快，在冬天，更体现冬日的冰凉。

制作冰沙的要领

只要熟记以下几个要领，就能精准制作出香滑细致的天然冰沙。

选择果胶含量丰富的水果

含果胶丰富的水果制作冰沙，可以让成品更滑顺细腻，这类水果有菠萝、芒果、香蕉、猕猴桃、木瓜、草莓、火龙果等。

自制鲜果冰块和花草类糖浆

可以将水果去皮切块后冷冻，就可以当冰块制作冰沙；花草类糖浆适合调味，能让冰沙风味更多变，如蝶豆花糖浆、玫瑰糖浆、薄荷糖浆、迷迭柠檬糖浆（可以参考第7章相关内容）。

使用完整结冻的冰块

茶类、咖啡冲泡后，倒入制冰盒，放入冰箱冷冻成冰块，非常适合制作冰沙，能让口感更佳（可参考P220～222）。放入果汁机搅打之前再从冰箱取出冰块，可以避免接触液体食材（如鲜奶、茶类、乳酸饮料等）太久，这样不会因为水分太多或是在果汁机搅打过程中，让冰块溶解加速而导致成品过稀。

注意食材添加顺序

先将质软的食材及液体类食材放入果汁机（或冰沙机），接着放入较硬的食材，最后加入冰块（尽量缩短冰块与液体接触的时间），这样可以减缓冰块溶解速度。冰块量太多，容易产生搅打空转现象，若制作过程中发生此现象，应先关闭电源，取下搅拌杯，加入适量液体类食材，再继续搅打。固体冰块（包含冷冻水果丁、冰激凌等）至少占整体制作量1/2。

固体：新鲜芒果100克、冷冻草莓丁60克、果茶冰块80克、冰块100克。

液体：鲜奶50毫升、无糖酸奶100毫升、白糖浆40毫升。

基础示范 狝猴桃芒果冰沙

230毫升
1杯

材料 ————————

狝猴桃 / 1 个

芒果 / 100 克

绿柠檬汁 / 10 毫升

乳酸饮料 / 50 毫升

黄糖浆 / 30 毫升 P197

冰块 / 180 克

做法

1 猕猴桃洗净后擦干水分，切除两端，去皮及硬心，再将果肉切小块；芒果去皮及核后切小块。

● 水果务必清洗干净，再去皮切小块，不宜整个放入果汁机搅打。

● 猕猴桃内部硬心必须仔细清除干净，以免影响成品口感。

● 绿芒果肉纤维较多，不建议用于冰沙制作。

2 依序将芒果、绿柠檬汁、乳酸饮料、黄糖浆、冰块放入果汁机中，用高速搅打至无冰块撞击声，而且呈绵细雪泥状。

● 先将质软的食材及液体类食材放果汁机，接着放入较硬的食材，最后再加入冰块，尽量缩短冰块与液体接触的时间，以免冰块溶解速度加快。

3 接着将猕猴桃果肉加入果汁机，用高速继续搅打4～5秒，待所有材料混合均匀即可关掉开关，将冰沙盛入杯中即可。

● 如果要保留果肉细小状态，丰富口感，则可以在第二阶段搅打时再加入。

● 添加猕猴桃时，搅打时间不宜太久，可以保留其果粒口感，成品会更美观。

火龙果菠萝冰沙

250毫升
1杯

材料

红心火龙果 / 150 克

菠萝 / 120 克

绿柠檬汁 / 20 毫升

玫瑰糖浆 / 40 毫升 P202

冰块 / 180 克

做法

1 火龙果、菠萝去皮后切小块备用。

2 依序将菠萝、绿柠檬汁、玫瑰糖浆、冰块放入果汁机中，用高速搅打至无冰块撞击声，而且呈绵细雪泥状。

3 接着将火龙果放入果汁机中，用高速搅打4~5秒至火龙果均匀切碎且混合均匀即可。

| 花老师叮咛 |

★ 火龙果可以用白心火龙果、草莓、猕猴桃代替。

★ 放入火龙果后，必须注意搅打时间，以免过度切碎而影响成品外观。

迷幻柠檬冰沙

350毫升 / 1 杯

材料

蝶豆花茶 / 20 毫升 (P038)

绿柠檬汁 / 40 毫升

乳酸饮料 / 50 毫升

绿柠檬皮 / 1 克

白糖浆 / 10 毫升 (P195)

蝶豆花糖浆 / 30 毫升 (P196)

冰块 / 160 克

做法

1 蝶豆花茶泡好后待冷却，倒入杯中备用。

2 依序将绿柠檬汁、乳酸饮料、绿柠檬皮、白糖浆、冰块放入果汁机中，用高速搅打至无冰块撞击声，而且呈绵细雪泥状。

3 缓缓倒入杯中至五成满，加入蝶豆花糖浆，再将剩余的冰沙倒入杯中至满杯，饮用前可以先拌匀。

| 花老师叮咛 |

★ 若想操作上更快速，可以将材料一起加入果汁机中搅打即可。

菠萝芒橘冰沙

250毫升
2 杯

材料

芒果 / 130 克   凉白开 / 40 毫升
菠萝 / 100 克   黄糖浆 / 60 毫升 (P197)
金橘汁 / 40 毫升   冰块 / 180 克

做法

1 芒果去皮后取果肉，切块；菠萝去皮后切小块。

2 依序将芒果、菠萝、金橘汁、凉白开、黄糖浆、冰块放入果汁机中。

3 用高速搅打至无冰块撞击声，而且呈绵细雪泥状即可。

| 花老师叮咛 |

★ 绿芒果肉纤维较多，不建议用于冰沙制作。

橙香冰沙

250毫升
1 杯

材料

柳橙（去皮）/ 60 克   凉白开 / 50 毫升
香蕉（去皮）/ 100 克   柳橙皮 / 1 克
香橙糖浆 / 40 毫升 (P203)   冰块 / 200 克
无糖酸奶 / 90 毫升

做法

1 柳橙去子后切小块；香蕉切小块。

2 依序将柳橙、香蕉、香橙糖浆、无糖酸奶、凉白开、柳橙皮、冰块放入果汁机中。

3 用高速搅打至无冰块撞击声，而且呈绵细雪泥状即可。

| 花老师叮咛 |

★ 尽量选择熟度高的香蕉，制作的冰沙越香浓。

菠萝香蕉冰沙

430毫升
1杯

材料

菠萝 / 120 克

香蕉（去皮）/ 50 克

蝶豆花糖浆 / 30 毫升 (P196)

无糖酸奶 / 50 毫升

冰块 / 180 克

| 花老师叮咛 |

★ 蝶豆花糖浆可以换成玫瑰糖浆（P202）或覆盆子糖浆（P203），变化成不同风味的冰沙。

做法

1 菠萝去皮后切小块；香蕉切块；蝶豆花糖浆倒入杯中。

2 依序将菠萝、香蕉、无糖酸奶、冰块放入果汁机中，用高速搅打至无冰块撞击声，而且呈绵细雪泥状。

3 再缓缓倒入杯中，饮用前拌匀即可。

珍珠奶茶冰沙

360毫升
1 杯

材料

黑糖浆 / 40 毫升 （P197）

全脂鲜奶 / 60 毫升

香草冰激凌 / 60 克

黄糖浆 / 20 毫升 （P197）

红茶冰块 / 150 克 （P222）

白玉粉圆 / 20 克 （P207）

竹炭粉圆 20 克 （P212）

做法

1 黑糖浆倒入杯中。

2 依序将全脂鲜奶、香草冰激凌、黄糖浆、红茶冰块放入果汁机中，用高速搅打至无冰块撞击声，而且呈绵细雪泥状。

3 接着将白玉粉圆、竹炭粉圆加入果汁机中，用高速搅打4~5秒使粉圆呈碎粒状，再倒入杯中即可。

| 花老师叮咛 |

★ 食材加入顺序为液体类先放入，最后才是冰块，尽量缩短冰块与液体接触的时间。

★ 粉圆于冰沙搅打完成后，再加入果汁机中稍微搅打，可以让粉圆变成碎粒状，与冰沙更为融合，口感更佳。

★ 粉圆口味可依个人喜好添加，若不加入粉圆搅打，也可以将粉圆直接放于冰沙表面，但必须注意粉圆与冰沙接触时间不宜太长，以免粉圆硬化。

菠萝果茶冰沙

450毫升
1 杯

材料

菠萝（去皮）/ 90 克
花果粒茶 / 100 毫升 (P037)
绿柠檬汁 / 15 毫升
白糖浆 / 40 毫升 (P195)
冰块 / 200 克

做法

1 菠萝切块；花果粒茶泡好后待冷却，备用。

2 依序将花果粒茶、菠萝、绿柠檬汁、白糖浆、冰块放入果汁机中。

3 用高速搅打至无冰块撞击声，而且呈绵细雪泥状即可。

| 花老师叮咛 |

★ 冰块可以换成花果粒茶冰块（P220），成品的色泽及风味会更佳，但冰沙的甜度必须适当控制。

★ 菠萝可换成其他果胶含量丰富的水果，如芒果、香蕉、柳橙、橘子等，能增加冰沙滑顺度。

薄荷柠檬冰沙

300毫升
1杯

材料

薄荷叶 / 1 克

黄柠檬皮 / 1 克

黄柠檬汁 / 60 毫升

薄荷糖浆 / 60 毫升 P205

黄柠檬糖浆 / 10 毫升 P201

冰块 / 150 克

做法

1 薄荷洗净后拭干水分,摘下叶片;黄柠檬皮切碎,备用。

2 依序将黄柠檬汁、薄荷叶、黄柠檬皮、薄荷糖浆、黄柠檬糖浆、冰块放入果汁机中,用高速搅打呈细密冰沙状(还有一点点小碎冰),即可倒入杯中。

| 花老师叮咛 |

★ 黄柠檬汁可以换为金橘汁或绿柠檬汁。

焦糖豆浆冰沙

材料

咸焦糖酱 / 30 毫升 P198
黄糖浆 / 20 毫升 P197
豆浆 / 100 毫升
香草冰激凌 / 100 克
原味综合熟坚果 / 20 克
红茶冰块 / 60 克 P222
冰块 / 120 克

做法

1 依序将咸焦糖酱、黄糖浆、豆浆、香草冰激凌、原味综合熟坚果、冰块放入果汁机中，用高速搅打至无冰块撞击声，而且呈绵细雪泥状。

2 将红茶冰块放入果汁机中，用高速搅打4～5秒，使红茶冰块呈碎冰状即可倒入杯中。

| 花老师叮咛 |

★ 可以在第2步放入少许巧克力块，能增加口感。
★ 红茶冰块可换成其他口味的茶类冰块，但不宜用酸性的果粒茶冰块，或是其他酸性果汁、糖浆，因为酸性会使乳制品、豆浆结块。

PART 4 惬意品咖啡

有人独爱黑咖啡的苦味，或是喜欢其甘醇甜美，有人偏爱酸中带果香味的咖啡，请问哪一种才是品质佳的咖啡呢？没有标准答案。根据自己的心情和喜好挑选咖啡品种，将咖啡豆研磨成适合的粗细度，冲煮出一杯专属自己的咖啡吧！

手冲咖啡的乐趣

手冲咖啡首先在于咖啡豆要新鲜，冲煮手法为辅助。也就是说浅中焙的咖啡豆冲煮水温略高（92~95℃），深焙的咖啡豆冲煮水温相对低（82~92℃），但这些在文字上规范的变因并不代表一成不变，在惬意偷闲的当下还有什么是比冲煮出一杯属于自己的咖啡还重要的事吗？

❶ 手冲咖啡建议水温为82~95℃。

❷ 建议咖啡粉研磨粗细度为2.5~4.5，数字越小表示研磨得越细。

❸ 手冲咖啡建议的粉和水比例为1:20~1:10。例如：1克咖啡粉:10毫升热开水。

❹ 手冲咖啡器具可以简单却不能马虎，常用器具有细口壶、咖啡滤杯、咖啡滤纸、电子温度计、刻度耐热玻璃壶。

在水温与研磨之间发挥创造力

如何在水温或研磨的粗细度中多方尝试或是发挥创造力？这些才是冲煮咖啡最有趣的地方！今天若想喝苦一点，咖啡粉就多放一些，研磨细一点；明天若想喝清淡带酸的，就让水温低一点，研磨粗一些，咖啡粉少放一些。

咖啡的浅中深烘焙

何谓咖啡的浅、中、深烘焙呢？用最简单的方式说明，就是咖啡豆颜色越浅则味道越酸；反之，颜色越深则味道越苦。至于文字叙述的甘醇甜美、柠檬果酸略带花香和奶油坚果风味等的理想气味，那就让咖啡豆的新鲜度、产地、品种、烘焙度以及冲煮咖啡当下的心情体验不一样的美妙感受吧！

会表演的维也纳皇家咖啡壶

维也纳皇家咖啡壶又名"平衡式塞风壶"。如果要用一句话形容这款会表演的咖啡壶，那就是"低调不了的华丽"。

这么雅致的咖啡壶，在冲煮上依然有需要注意的小细节，建议咖啡粉研磨粗细度为3~3.5。然而在水温上并无一定限制，

苦或太酸，就直接丢在桌子上、柜子里、罐子中，这样岂不暴殄天物！其实可以拿出上星期购买的两包太酸又太苦的咖啡豆研究看看，是不是有机会可以调配或中和一下这两种较强烈的味道呢？

究竟调配与中和是什么意思？即是将两种或数种不同焙度或产区的咖啡豆进行一定比例的调配，中和酸苦口感，或强化其芳醇厚实韵味的方式，譬如市面上常见的曼巴咖啡、蓝曼咖啡、综合咖啡等，大部分都会进行调配，但其风味与口感的表现则各有所长。

唯一差别在于用水的温度越低，则等待时间就越久；用水的温度越高，等待时间越短。

最后建议在冲煮时，让酒精灯火源避开有风力直吹的方向，因为风力会使酒精灯火源摇摆，使定点聚热不易而延长冲煮时间。

多种咖啡豆混合的风味

咖啡豆调配是一种尝试，更是一种实验，常常面临买回来的咖啡不合口味，太

耶加雪菲咖啡

250毫升
1 杯

材料——————————————

日晒耶加雪菲咖啡豆 / 18 克
热开水（90℃）/ 300 毫升

做法

1 咖啡豆放入磨豆机，依喜好的粗细进行研磨。

● 建议咖啡粉研磨粗细度为2.5~4.5。

● 可以挑选个人喜爱的咖啡豆，按照上述做法操作。

● 日晒处理法为咖啡生豆后制处理方式，也是决定咖啡豆风味的因素之一。

2 将锥形滤纸折好后放入锥形滤杯中，并将锥形滤杯放到耐热玻璃壶上方，取适量热开水（分量外）倒入锥形滤纸中，使之完全浸湿且更好地贴于滤杯上，再取下锥形滤杯，并将玻璃壶热水倒出来。

● 市面上有专用滤纸出售，依虚线标示的折线折好，非常容易完成。

● 手冲咖啡器具要准备齐全，才能事半功倍，冲出浓醇咖啡。

3 将磨好的咖啡粉倒入滤杯，轻拍滤杯外侧使咖啡粉表面平整。

● 轻拍后使咖啡粉平整，这是影响咖啡风味的重要细节之一。

4 将细口壶嘴靠近滤杯，由滤杯中心开始倒热开水（以中心冲绕至外围再绕回中心处的方式），完全浸湿咖啡粉后停止倒水。

● 手冲咖啡建议水温为82～95℃，必须要让咖啡粉完全浸泡热开水。

5 当咖啡粉表面产生白色气泡，并开始膨胀后静置30秒钟，进行第二次倒热开水步骤，细口壶嘴靠近滤杯中心开始画圆倒水（以1元硬币大小为圆周），并配合手臂以及手腕动作，让水流以细、缓、平稳的方式倒入咖啡粉中，下方玻璃壶到达刻度250毫升即可停止，让咖啡液慢慢滴至咖啡壶，再盛入已经温热的杯子即可。

● 倒入热开水速度太快或水流太大，都会让咖啡萃取不完全而造成口感偏淡。

● 必须先用热开水温杯，在咖啡倒入前将热开水倒掉，这样可防止咖啡失温而影响风味。

手冲曼特宁冰咖啡

320毫升
1 杯

材料 ————————

曼特宁咖啡豆 / 30 克
冰块 / 120 克
热开水（90℃）/ 220 毫升
黑咖啡冰块 / 80 克 P221

做法

1 咖啡豆放入磨豆机，依喜好的粗细度进行研磨。

● 建议咖啡粉研磨粗细度为2.5～4.5。

● 同样操作方法也适合其他冰咖啡的制作，可以挑选个人喜爱的咖啡豆冲煮，但是搭配使用的黑咖啡冰块，建议选择口味一样的咖啡豆为佳。

2 取一个锥形滤杯放于玻璃壶上，将折好的锥形滤纸放入滤杯，倒入适量热开水（分量外）浸湿滤纸，使滤纸更好地贴于滤杯上，取下锥形滤杯，并将玻璃壶热水倒出来，再将冰块放入玻璃壶备用。

● 市面上可以购买专用滤纸，依虚线标示的折线折好，非常容易完成。

● 此咖啡为半水洗处理法。

3 将磨好的咖啡粉倒入滤杯，轻拍滤杯外侧使咖啡粉表面平整。

● 轻拍后使咖啡粉平整，这是影响咖啡风味的重要细节之一。

4 将细口壶嘴靠近滤杯，由滤杯中心开始倒入热开水（以中心冲绕至外围再绕回中心处的方式），完全浸湿咖啡粉后停止倒水。

● 手冲咖啡建议水温为82~95℃，必须要让咖啡粉完全浸泡热开水。

5 当咖啡粉表面产生白色气泡，并开始膨胀后静置30秒钟，进行第二次倒热开水步骤，细口壶嘴靠近滤杯中心开始画圆倒水（以1元硬币大小为圆周），并配合手臂以及手腕动作，让水流以细、缓、平稳的方式倒入咖啡粉中，下方玻璃壶到达刻度220毫升即停止，让咖啡液滴至咖啡壶。

6 杯中放入黑咖啡冰块，将步骤5的咖啡液倒入杯中即可。

● 倒入热开水速度太快或水流太大，都会让咖啡萃取不完全而造成口感偏淡。

● 黑咖啡冰块建议用曼特宁咖啡制作，其风味较能使整杯咖啡口感一致。

● 饮用前可以随个人喜好加入自制糖浆或鲜奶拌匀。

● 可以将主材料及配料分开装盛，如一壶咖啡、一杯黑咖啡冰块、一盅糖浆搭配成套，随兴随心搭配饮用。

玫瑰耶加雪菲

120毫升
3 杯

材料

日晒耶加雪菲咖啡豆 / 30 克
可食用玫瑰花瓣 / 2 克
热开水 / 450 毫升

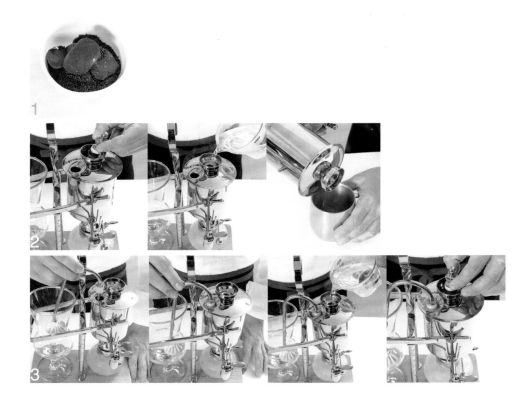

做法

1 咖啡豆放入磨豆机，研磨完成后与玫瑰花瓣混合拌匀备用。

● 建议咖啡粉研磨粗细度为2.5～4.5。

● 可以挑选个人喜爱的咖啡豆，根据上述做法冲煮。

2 准备维也纳皇家咖啡壶，逆时针转开金属盛水器上的旋塞，倒入适量热开水（分量外），温热后倒掉。

● 必须先用热开水温热，此步骤可防止咖啡失温而影响风味。

3 调整虹吸管，并将过滤头移至玻璃杯上方，将另一边耐热硅胶管紧压在金属盛水器上方开口处使其密合，在金属盛水器上注水口倒入热开水，将旋塞顺时针方向转紧。

● 热开水以及咖啡粉使用量不可超过建议范围，以防冲煮时发生溢出。

4 下压重力平衡钟，打开酒精灯上盖，将其靠在盛水器外壁上。

● 酒精灯火力比较弱，不容易让冷水煮沸，建议使用热开水冲煮。

● 酒精灯芯不可以拉出灯座外太长，否则火力太大而使壶具烧黑且有危险性。

● 建议使用液态粉色工业酒精，若有溢出也比较容易用肉眼辨识，而酒精装于
灯座中也比较容易判断酒精高度。

● 酒精装七八成满即可，以防灯芯不易吸到酒精而干烧发烟。

5 将磨好的咖啡粉倒入玻璃杯内，盖上盖，点燃酒精，待咖啡完全回
流至盛水器时，将旋塞稍微转开让空气对流，将温热后的杯子放于水龙
头下方，并旋开水龙头让咖啡液流入杯中即可享用。

● 玫瑰花也可用其他可食用干燥花瓣代替，如薰衣草、桂花等香气较明显的可
食用花卉。

橙酒咖啡

90毫升
3杯

材料

尼加拉瓜帕罗玛咖啡豆 / 35 克
热开水 / 450 毫升
干邑橙酒 / 15 毫升

| 花老师叮咛 |

★ 含微量酒精，请酌量品尝。
干邑橙酒也可换成其他风味甜酒
或威士忌，如茴香酒、柠檬香甜
酒、纯麦芽威士忌等。
★ 酒品用于提味，使用量可以自行
斟酌，但每份建议不超过15毫升。

做法

1 咖啡豆放入磨豆机，研磨完成备用。

2 准备维也纳皇家咖啡壶，逆时针转开金属盛水器上旋塞，倒入适量热开水（分量外），温热后倒掉。

3 调整虹吸管，并将过滤头移至玻璃杯上方，将另一边耐热硅胶管紧压在金属盛水器上方开口处使其密合，在金属盛水器上注水口倒入热开水，将旋塞顺时针方向转紧。

4 下压重力平衡钟，打开酒精灯上盖，将其靠在盛水器外壁上。

5 将磨好的咖啡粉、干邑橙酒倒入玻璃杯内，盖上盖，点燃酒精，待咖啡完全回流至盛水器时，将旋塞稍微转开让空气对流，将温热后的杯子放于水龙头下方，并旋开水龙头让咖啡液流入杯中即可享用。

嗜啡双分

320毫升
1杯

材料

全脂鲜奶 / 150 毫升

白糖浆 / 20 毫升 (P195)

红曲粉圆 / 10 克 (P211)

手冲帕罗玛冰咖啡 / 120 毫升 (冲泡方式见 P119)

红茶冰块 / 60 克 (P222)

花老师叮咛

★ 可以调整咖啡冲泡比例，使咖啡浓度提高，让成品味道更为醇厚。

★ 手冲帕罗玛冰咖啡冲泡方式可以参见P119手冲曼特宁冰咖啡。

做法

1 全脂鲜奶打发成奶泡（至少静置2分钟）备用。

2 将白糖浆、红曲粉圆倒入杯中，用汤匙阻隔打发的奶泡，将90毫升鲜奶倒入杯中，搅拌均匀。

3 将红茶冰块放入杯中，将手冲帕罗玛冰咖啡倒入杯中，用汤匙取出一些奶泡铺在成品最上层即可。

帕罗玛咖啡

材料 ———————————

尼加拉瓜帕罗玛咖啡豆 / 35 克

热开水 / 450 毫升

做法

1 咖啡豆放入磨豆机，研磨完成备用。

2 准备维也纳皇家咖啡壶，逆时针转开金属盛水器上旋塞，倒入适量热开水（分量外），温热后倒掉。

3 调整虹吸管，并将过滤头移至玻璃杯上方，将耐热硅胶管紧压在金属盛水器上方开口处使其密合，在金属盛水器上注水口倒入热开水，将旋塞顺时针转紧。

4 下压重力平衡钟，打开酒精灯上盖，将其靠在盛水器外壁上。

5 将磨好的咖啡粉倒入玻璃杯内，盖上盖，点燃酒精，待咖啡完全回流至盛水器时，将旋塞稍微转开让空气对流，将温热后的杯子放于水龙头下方，并旋开水龙头让咖啡液流入杯中即可享用。

| 花老师叮咛 |

★ 酒精灯火力比较弱，不容易让冷水煮沸，建议使用热开水冲煮。

★ 酒精灯芯不可以拉出灯座外太长，以免火力太大导致壶具烧黑且有危险性。

★ 建议使用液态粉色工业酒精，若有溢出也比较容易用肉眼辨识，而酒精装于灯座中也比较容易判断酒精高度。

★ 酒精装七八成满即可，以防灯芯不易吸到酒精而干烧发烟。

微气泡冰咖啡

材料

冰块 / 100 克
手冲曼特宁冰咖啡 / 120 毫升 (P119)
黄柠檬糖浆 / 20 毫升 (P201)
气泡水 / 150 毫升
黄柠檬片 / 1 片

做法

1 冰块放入果汁机，打成碎冰，放入杯中备用。

2 黄柠檬糖浆、气泡水混合并搅拌均匀，倒入杯中，接着将手冲曼特宁冰咖啡倒入杯中，加入柠檬片即可。

| 花老师叮咛 |

★ 可以将手冲曼特宁咖啡制成冰块，再打成碎冰使用。

★ 黄柠檬糖浆可以换成姜味糖浆（P206）或是肉桂糖浆（P204）。

红茶咖啡

120毫升
3 杯

材料

黄柠檬皮 / 2 克
尼加拉瓜帕罗玛咖啡豆 / 30 克
伯爵红茶叶 / 3 克
热开水 / 450 毫升

| 花老师叮咛 |

★ 饮用时搭配鲜奶、黑糖浆（P197）或炼乳，风味更佳。

★ 避免削下柠檬皮下白色皮层，才不会使成品带较重苦味。

★ 酒精灯火力比较弱，不容易让冷水煮沸，建议使用热开水冲煮。

★ 酒精装七八成满即可，以防灯芯不易吸到酒精而干烧发烟。

做法

1 黄柠檬皮切丝；咖啡豆放入磨豆机，研磨完成，与伯爵红茶叶混合拌匀，备用。

2 准备维也纳皇家咖啡壶，逆时针转开金属盛水器上旋塞，倒入适量热开水（分量外），温热后倒掉。

3 调整虹吸管，并将过滤头移至玻璃杯上方，将另一边耐热硅胶管紧压在金属盛水器上方开口处使其密合，在金属盛水器上注水口倒入热开水，将旋塞顺时针转紧。

4 下压重力平衡钟，打开酒精灯上盖，将其靠在盛水器外壁上。

5 将咖啡粉、红茶倒入玻璃杯内，盖上盖，点燃酒精，待咖啡完全回流至盛水器时，将旋塞稍微转开让空气对流，将温热后的杯子放于水龙头下方，并旋开水龙头让咖啡液流入杯中即可享用。

双料咖啡

250毫升
1杯

材料

曼特宁咖啡豆 / 8 克
摩卡咖啡豆 / 8 克
热开水（95℃）/ 300 毫升

| 花老师叮咛 |

★ 若想喝冰饮，可参考手冲曼特宁冰咖啡的冲泡方法（P119）。

★ 咖啡豆可以随个人喜好替换，但新鲜度为首要考量，咖啡可以制成冰块使用（P221），可以冷冻保存15天。

★ 可以搭配自制香草香料或桂花糖浆（P199）一起饮用。

做法

1 曼特宁咖啡豆、摩卡咖啡豆混合，再放入磨豆机，研磨完成。

2 将锥形滤纸折好后放入锥形滤杯中，并将锥形滤杯放到耐热玻璃壶上方，取适量热开水（分量外）倒入锥形滤纸中，使其完全浸湿贴于滤形杯上，再取下锥形滤杯，并将热水倒出来。

3 将磨好的咖啡粉倒入滤杯，轻拍滤杯外侧使咖啡粉表面平整。

4 将细口壶嘴靠近滤杯，由滤杯中心开始倒入热开水（以中心冲绕至外围再绕回中心处的方式），完全浸湿咖啡粉后停止倒水。

5 当咖啡粉表面产生白色气泡，并开始膨胀后静置30秒钟，进行第二次倒入热开水步骤，细口壶嘴靠近滤杯中心开始画圆倒水（以1元硬币大小为圆周），并配合手臂以及手腕动作，让水流以细、缓、平稳的方式倒入咖啡粉中，下方玻璃壶到达刻度250毫升即可停止，让咖啡液慢慢滴至咖啡壶，再盛入已经温热的杯中即可。

姜味曼特宁

300毫升
1杯

材料

热曼特宁咖啡 / 250 毫升 冲泡方式见 P116
姜味糖浆 / 15 毫升 P206
全脂鲜奶（温热）/ 50 毫升

做法

1 热曼特宁咖啡倒入杯中；将姜味糖浆、全脂鲜奶分别装盛在不同容器中，备用。

2 饮用时，随兴随心将咖啡与糖浆、鲜奶混合调配即可。

| 花老师叮咛 |

★ 热曼特宁咖啡冲泡方式可以参见P116耶加雪菲咖啡，将咖啡豆换成曼特宁即可。

微醺玩调酒

开心欢聚、调酒同乐、浅尝小酌，以上简单几句话都令人
向往，这也是调酒的魅力所在。哪些酒适合当基底酒调
制？应该如何挑选调酒的器具与杯皿？本章将一一向大家
介绍，为繁忙单调的生活增添一点情趣与乐趣吧！

适合调酒的器具

说起调酒，对于大多数初学者而言，都会先思考到底应该准备多少器具，才能顺利调出一杯美酒。别担心，在制作经验不足时，首先要备一个精准的小量杯、量酒器，以便准确度量液体材料。

选择速配的杯皿

对于饮品呈现，杯子的款式确实非常重要，但也因为款式繁多，很难做出选择。很容易乱买一通，最后却发现容量、款式皆不适用。

与其这样，不如试着先找出家里现有的玻璃杯，装水后用量杯度量一下杯具容量，分别选出容量最小200毫升、最大360毫升，直径较窄或杯身为直筒细长形的杯子数个，设定好调制分量与呈现方式，再慢慢选购更精美的杯皿。

准备搅拌匙和摇酒器

搅拌匙在调制时可辅助搅拌混合或试饮之用。选择一组适合自己双手大小的摇酒器（又称雪克杯），可用于装盛较多的或呈半固态的材料与冰块，通过摇荡产生撞击力，使材料充分混合。

摇酒器只能调酒吗？

摇酒器又叫雪克杯。其实包括搅拌匙、量酒器、小量杯等，并非只用于调酒，这些器具也适用于其他饮品的调制。

酒类调制重点

调制时分出主材料（基底酒或各种口味香甜酒）、副材料（果汁、水果、茶品、糖浆、冰块）、配料（气泡水、含糖汽水、碳酸饮料、酱料），先按预先设定的顺序与比例制作，再依浓淡进行配方微调至个人喜欢的口味。含有气泡的碳酸饮料或啤酒，制作时请将主材料及副材料充分搅拌或摇荡混合再加入略拌，以免过度搅拌让气泡散失而影响口感。含有气泡的饮品不能放入摇酒器摇荡，否则会使液体冲溢出。制作渐层或分层效果时，选择细长的杯皿更容易成功且调酒色泽更分明。若不慎将基底酒或糖浆使用太多而导致辣口、过甜，不妨加些气泡水或柠檬汁平衡味道。最后，需要提醒大家，酒类浅尝微醺最美，请理性饮酒。

充分运用四款基底酒

调酒的材料组合是成败的关键，为了避免选购太多不太用到的酒而使其闲置，在这推荐最实用、最常用的四款酒：啤酒、伏特加、白朗姆酒、台湾纯米酒，利用这四款酒作为酒类调制的主材料，也称为基底酒。

啤酒

啤酒甘香芳醇，除了单独冰镇冷藏饮用之外，也适合搭配新鲜香草、茶品及自制糖浆，不仅能调和啤酒特有的微苦味，饮用时也会感到清新适口。

伏特加

属于烈酒，酒精浓度40%，口感清新顺口、透明无色，其可塑性高，适合冷冻后单纯饮用，或是调制各种鸡尾酒。而另一款冰粉红利口酒也值得参考，酒精浓度17%，产于意大利，果香浓郁、口感微甜，酒的颜色为粉红色，堪称时尚与浪漫的代表酒款，深受女性青睐。

白朗姆酒

白朗姆酒的口感甘柔温润，是初学者最容易驾驭的基底酒，没有特别限定品牌，酒精浓度为40%，酒质透明纯净且顺口。

台湾纯米酒

以蓬莱米为原料酿制而成，酒中带有浓厚米粮香气，是最贴近日常饮食的酒类，可用于炒菜、炖汤、腌渍去腥。

调配倾心颜色与着迷风味

酒类调制是艺术，更是一门学问，调制者期盼呈现美感与美妙口感，饮用者是先观其色、闻其香，最后品其味，所以一杯饮品对于制作者与品尝者而言，色、香、味都要兼具。然而"颜色"总是排在首位，因为视觉的第一印象总会变成判定饮食是否美味的重要标准。所以在调酒之前，先学会调配一见倾心的颜色，再学会调配味道，之后两者融合并进，才能得心应手地调制出一番情调。

这也是本章所选择的四款基底酒，皆风味单纯且色泽较为透明的主因，如此不仅调酒颜色可塑性高，也因其单纯的口感，在调味上也更容易上手。

很大程度上，与其说是调酒，倒不如说大家调制的是一杯"心情"，一杯看心情斟酌浓度的酒。

挑选与使用气泡水机

汽水喝起来清凉畅快，是夏日最佳饮料，也是佐餐的好朋友。不喝口很渴，喝了又非常罪恶，担心糖分摄取太多，添加物太复杂。气泡水则比较健康，但是气泡又不如汽水般丰沛，而且单价不便宜，多方考量下，不如自制汽水，喝起来更放心。

首先从挑选气泡水机开始，市面上有气泡水枪（又称苏打水枪）、气泡水机，其品牌款式非常多，选择的重点是，使用安全、简单、快速、便利、美观、环保这六大要素。除

了这些要素之外，可以选择一台可以依照需求调整气泡强弱、功能更完善的气泡水机。如果能灵活运用气泡水，譬如将气泡水用在各式饮品调制上，或是加入自制糖浆调味，就能做成口味丰富又多元的汽水。

制作气泡水

材料 ————————

冰水 / 1000 毫升

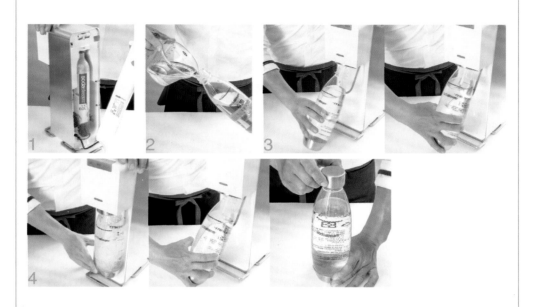

做法

1 打开背板机壳，装上二氧化碳钢瓶。

2 取下机台上的宝特瓶，并注入冰水至瓶身满水线。

3 将宝特瓶扣回机身，并依指示转紧，放置定位。

4 选择气泡强弱按键。微量气泡：按压一下（维持1~2秒钟）；适量气泡：按压两下（维持
1~2秒钟）；大量气泡：按压三下（维持1~2秒钟）。取下宝特瓶，盖上瓶盖，转紧以防漏
气，放入冰箱冷藏，气泡可以维持2~3天。

| 花老师叮咛 |

★ 不同款式的气泡水机操作方法略有差异，这里介绍的按压方式仅供参考。

★ 每瓶二氧化碳钢瓶可以制作40~50升气泡水，气泡钢瓶可以回收，向厂家换购补充瓶。

绿茶啤酒 360毫升 / 1 杯

材料 ————————————

绿柠檬 / 1/3 个

西番莲糖浆 / 15 毫升 (P200)

白糖浆 / 20 毫升 (P195)

浓基底绿茶 / 70 毫升 (P028)

冰块 / 300 克

啤酒 / 100 毫升

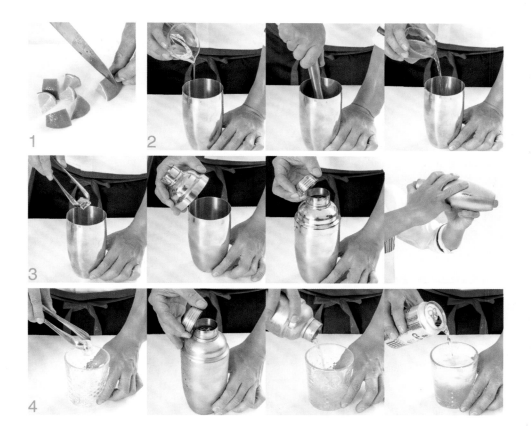

做法

1 绿柠檬洗净后擦干水分，取1/3个切小块备用。

● 柠檬皮必须洗干净并擦干水分，再分切出需要的量。

2 依序将绿柠檬块、西番莲糖浆、白糖浆放入摇酒器，用不锈钢捣棒将柠檬挤压出汁，再将浓基底绿茶倒入摇酒器。

● 西番莲糖浆可以换成新鲜西番莲汁。

3 加入220克冰块至摇酒器八成满，盖上中盖及上盖，摇荡15～20秒钟（摇酒器表面呈现起雾结霜状）。

● 摇酒器必须依序盖中盖，再盖上盖，避免摇酒器内气体盛载，于摇荡混合时溢出。

4 杯中加入80克冰块，打开摇酒器上盖，将液体倒入杯中，再加入啤酒至杯子九成满即可。

● 啤酒建议先冷藏冰镇，口感会更好。

● 装在摇酒器内的冰块必须阻隔在摇酒器中，不可一起倒入杯中。

拈花惹草

360毫升 / 1杯

材料

新鲜迷迭香 / 1 株（3 克）

迷迭柠檬糖浆 / 20 毫升 [P205]

蝶豆花糖浆 / 20 毫升 [P196]

冰块 / 80 克

啤酒 / 160 毫升

黄柠檬汁 / 20 毫升

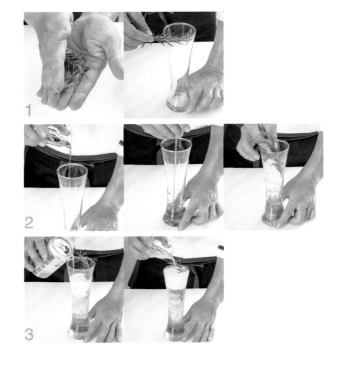

| 花老师叮咛 |

★ 冰块可以换成蝶豆花冰块（P222）。

★ 啤酒建议冷藏冰镇，可以依个人喜好挑选不同口味的啤酒。

做法

1 新鲜迷迭香洗净后晾干，用手拍打挤压出香气，再涂抹于杯身及杯口。

2 依序将迷迭柠檬糖浆、蝶豆花糖浆倒入杯中，搅拌均匀后放入冰块，接着放入新鲜迷迭香。

3 缓缓倒入啤酒至杯子九成满，淋上黄柠檬汁即可。

薄荷啤酒

材料 ————————————

黄柠檬 / 1/3 个

冰块 / 200 克

新鲜薄荷叶 / 15 片

薄荷糖浆 / 30 毫升 P205

啤酒 / 120 毫升

————————————

做法

1 黄柠檬洗净后擦干水分，取1/3个切小块；冰块放入果汁机，搅打成碎冰；新鲜薄荷叶洗净后晾干，备用。

2 取一个杯子，依序放入黄柠檬块、薄荷叶、薄荷糖浆，用不锈钢捣棒将柠檬压出汁。

3 加入一半碎冰至杯子五成满，搅拌均匀，倒入啤酒至杯子八成满，再填入剩余碎冰至满杯。

| 花老师叮咛 |

★ 薄荷糖浆可以换成白糖浆（P195）。

★ 如果不喝啤酒，可以换成其他气泡饮料。

★ 可于完成的调酒上方插上一小株薄荷叶点缀。

柚来一杯

 240毫升
1杯

材料

葡萄柚（去皮）/ 30 克
伏特加 / 40 毫升
白糖浆 / 20 毫升 P195
花果粒茶冰块 / 70 克 P220
葡萄柚汁 / 20 毫升
气泡水 / 80 毫升

| 花老师叮咛 |

★ 白糖浆可换成其他口味的鲜果
或花卉糖浆。

★ 葡萄柚榨汁时不可过度挤压
果皮，否则果汁中会带有较重的
苦味。

做法

1 葡萄柚切小丁备用。

2 取一个杯子，将伏特加、白糖浆倒入杯中，搅拌均
匀，加入花果粒茶冰块。

3 缓缓倒入葡萄柚汁，再倒入气泡水至九成满，将葡萄
柚丁放于调酒上方即可。

材料

红心火龙果（去皮）/ 50 克
伏特加 / 45 毫升
黄柠檬汁 / 10 毫升
覆盆子糖浆 / 50 毫升 (P203)
冰块 / 120 克

| 花老师叮咛 |

★ 没用完的红心火龙果可以放入密封袋中，冷冻2天后制成
水果冰沙，代替冰块使用。

★ 红心火龙果丁放入果汁机搅打时不宜搅打太久，以免过度
切碎，影响成品色泽及口感。

做法

1 红心火龙果切小块备用。

2 依序将伏特加、黄柠檬汁、覆盆子糖浆、冰块放入果汁机，用高速搅打至无冰块撞击
声，而且呈绵细雪泥状。

3 接着将红心火龙果放入果汁机中，用高速搅打4~5秒钟至其均匀混合，倒入杯中即可。

姜味气泡酒

360毫升 1杯

材料

伏特加 / 40 毫升

绿柠檬汁 / 10 毫升

姜味糖浆 / 40 毫升 (P206)

冰块 / 180 克

碎冰 / 100 克

姜片 / 2 片（2 克）

绿柠檬片 / 2 片

气泡水 / 120 毫升

花老师叮咛

★ 绿柠檬可以预先压成柠檬汁，放入制冰盒制成冰块保存。

★ 摇酒器必须先盖中盖，再盖上盖，避免摇酒器内气体满载，于摇荡时溢出。

做法

1 依序将伏特加、绿柠檬汁、姜味糖浆、冰块放入摇酒器至八成满。

2 盖上中盖及上盖，摇荡15~20秒钟（摇酒器表面呈现起雾结霜状），打开摇酒器上盖，将液体倒入杯中。

3 加入碎冰至杯子六成满，放入姜片、绿柠檬片，倒入气泡水至满杯即可。

视觉印象

350毫升
1 杯

材料

蝶豆花糖浆 / 25 毫升 (P196)

伏特加 / 30 毫升

白糖浆 / 20 毫升 (P195)

蝶豆花茶 / 30 毫升 (P038)

绿柠檬汁 / 15 毫升

冰块 / 300 克

气泡水 / 120 毫升

做法

1 将蝶豆花糖浆倒入杯中，加入80克冰块至杯子五成满。

2 依序加入伏特加、白糖浆、蝶豆花茶、绿柠檬汁、220克冰块至摇酒器八成满。

3 盖上摇酒器中盖及上盖，摇荡15～20秒钟（摇酒器表面呈现起雾结霜状），打开上盖，缓缓将液体倒入杯中，倒入气泡水至杯子九成满即可。

| 花老师叮咛 |

★ 白糖浆可换成玫瑰糖浆（P202）。
★ 含有气泡的碳酸饮料不可以倒入摇酒器中摇荡。

餐后酒

240毫升 / 1杯

材料

全脂鲜奶 / 180 毫升

伏特加 / 30 毫升

肉桂糖浆 / 20 毫升 P204

冰块 / 200 克

咸焦糖酱 / 20 克 P198

黑糖浆 / 10 毫升 P197

黑咖啡冰块 / 60 克 P221

黑糖粉 / 2 克

绿柠檬皮 / 1 克

做法

1 全脂鲜奶打发成奶泡（至少静置2分钟）；取一个杯子，放入冰箱冷藏，备用。

2 依序将伏特加、肉桂糖浆倒入摇酒器，用汤匙阻隔打发的奶泡，将30毫升鲜奶倒入摇酒器。

3 加入冰块至摇酒器八成满，盖上中盖及上盖，摇荡15～20秒钟（摇酒器表面呈现起雾结霜状）。

4 取出冷藏的杯子，加入咸焦糖酱，倒入黑糖浆，并放入黑咖啡冰块。

5 打开摇酒器上盖，倒入液体于杯中，上方铺上奶泡至满杯，撒上黑糖粉，刨上绿柠檬皮即可。

| 花老师叮咛 |

★ 奶泡可以换成冰激凌，香草、巧克力等口味均可。

★ 可以加入彩虹粉圆（P214）增加口感。

★ 杯中也可以先加入少许冰块冰镇，在倒入咸焦糖酱之前倒出。

醉乌龙

250毫升
1 杯

材料

黄柠檬 / 1/4 个

伏特加 / 40 毫升

桂花糖浆 / 20 毫升 P199

乌龙茶冰块 / 150 克 P221

黄柠檬汁 / 15 毫升

做法

1 黄柠檬洗净后擦干水分，取1/4个切片备用。

2 依序将伏特加、桂花糖浆、乌龙茶冰块放入摇酒器，盖上中盖及上盖，摇荡15～20秒钟（摇酒器表面呈现起雾结霜状）。

3 打开摇酒器上盖，先将液体倒入杯中，并将乌龙茶冰块一起倒入杯中，加入黄柠檬汁、黄柠檬片即可。

| 花老师叮咛 |

★ 可于杯口撒少许桂花或黄柠檬皮末装饰。

莫西多

350毫升 1杯

材料

新鲜薄荷叶 / 15 片
黄柠檬 / 1/3 个
白朗姆酒 / 50 毫升
黄柠檬糖浆 / 40 毫升 P201
碎冰 / 180 克
气泡水 / 70 毫升

| 花老师叮咛 |

★ 黄柠檬可以换成绿柠檬。
★ 黄柠檬糖浆可以换成白糖浆
（P195）。
★ 薄荷叶不要与黄柠檬一起捣压，
这样薄荷叶片较完整美观。

做法

1 新鲜薄荷叶洗净后晾干；黄柠檬洗净后擦干水分，取
1/3个切小块。

2 将黄柠檬块、白朗姆酒、黄柠檬糖浆放入杯中，用不
锈钢捣棒将黄柠檬压出汁。

3 薄荷叶放于手掌拍击出香气，放入杯中，加入碎冰至
杯子五成满，搅拌均匀，倒入气泡水至八成满，再加入剩
余碎冰至满杯。

花黑盆

230毫升
1杯

材料

白朗姆酒 / 40 毫升
绿柠檬汁 / 10 毫升
玫瑰糖浆 / 30 毫升 [P202]
覆盆子糖浆 / 10 毫升 [P203]
冰块 / 220 克

做法

1 取一个杯子，放入冰箱冷藏备用。

2 依序将白朗姆酒、绿柠檬汁、玫瑰糖浆、覆盆子糖浆、冰块倒入摇酒器至八成满。

3 盖上中盖及上盖，摇荡15～20秒钟（摇酒器表面呈现起雾结霜状）。

4 取出冷藏的杯子，打开摇酒器上盖，将液体倒入杯中即可。

| 花老师叮咛 |

★ 可于杯中加入2～3片可食用新鲜玫瑰花瓣，或是数个覆盆子点缀。

★ 杯子也可以先加入少许冰块冰镇，在倒入调酒之前倒出即可。

覆盆子雪泥

230毫升
1 杯

材料

新鲜覆盆子 / 3 个

白朗姆酒 / 40 毫升

绿柠檬汁 / 10 毫升

覆盆子糖浆 / 20 毫升 P203

白糖浆 / 10 毫升 P195

花果粒茶冰块 / 100 克 P220

做法

1 新鲜覆盆子洗净后沥干水分备用。

2 依序将覆盆子、白朗姆酒、绿柠檬汁、覆盆子糖浆、白糖浆、花果粒茶冰块放入果汁机，用高速搅打至无并块撞击声，而且呈现绵细雪泥状即可倒入杯中。

| 花老师叮咛 |

★ 也可以使用冷冻覆盆子。

★ 将花果粒茶冰块与冷冻覆盆子按1：1混合使用，但酸度会比较高，所以糖浆量可以视喜好增减。

奇异摇香

材料

菠萝（去皮）/ 50 克
猕猴桃 / 1/2 个
白朗姆酒 / 40 毫升
西番莲糖浆 / 40 毫升 （P200）
绿柠檬汁 / 10 毫升
冰块 / 120 克

| 花老师叮咛 |

★ 猕猴桃搅打时间不宜太长，否则容易过度切碎而影响成品色泽及口感。

★ 冰块最后放入，能缩短冰块与液体接触时间，否则会因为冰块与液体接触太久使成品呈现液态状。

做法

1 菠萝切小块；猕猴桃洗净后擦干水分，切除两端，去硬心及皮，再将果肉切小块。

2 依序将菠萝、白朗姆酒、西番莲糖浆、绿柠檬汁、冰块放入果汁机，用高速搅打至无冰块撞击声，呈绵细雪泥状。

3 加入猕猴桃，用高速搅打4~5秒钟，将猕猴桃切碎且混合均匀即可倒入杯中。

一盏幽香 250毫升 1杯

材料

黄糖浆 / 40 毫升 (P197)
黄柠檬皮 / 1 克
二砂糖 / 1 克
白朗姆酒 / 30 毫升
铁观音冰块 / 80 克 (制作方法见 P222)
气泡水 / 100 毫升

做法

1 黄柠檬皮刨成细末备用。

2 取一杯子，在杯口外侧涂上一层黄糖浆，再依序沾绿柠檬皮屑、二砂糖，使糖粒附着在杯口上方。

3 将白朗姆酒、剩余黄糖浆倒入杯中，搅拌均匀，加入铁观音冰块，倒入气泡水即可。

| 花老师叮咛 |

★ 铁观音冰块可以换成任何茶类冰块，如红茶冰块（P222）、乌龙茶冰块（P221）。

以茶代酒

200毫升
1杯

材料

白朗姆酒 / 30 毫升

迷迭柠檬糖浆 / 20 毫升 P205

红茶冰块 / 80 克 P222

柳橙汁 / 60 毫升

绿柠檬汁 / 10 毫升

做法

1 白朗姆酒、迷迭柠檬糖浆、红茶冰块倒入杯中，搅拌均匀。

2 接着将柳橙汁、绿柠檬汁倒入杯中拌匀即可。

| 花老师叮咛 |

★ 可以在调酒上方插一小株迷迭香装饰。

★ 新鲜柳橙汁也可以换成罐装柳橙汁，但要留意甜度。

台式鸡尾酒

130毫升 —— 2杯

材料 ————————

台湾纯米酒 / 200 毫升
汽水 / 330 毫升

————————————

做法

1 台湾纯米酒、汽水倒入大容器中，稍微搅拌。

2 依需要量倒入杯中即可饮用。

| 花老师叮咛 |

★ 饮用时可以加入柠檬片，风味更佳。

★ 调酒用的米酒不宜选购加盐的料理米酒。

台式茄味啤酒

材料

话梅 / 1 个
番茄汁（罐装）/ 150 毫升
啤酒 / 150 毫升

做法

1 话梅放入杯中，缓缓倒入番茄汁，搅拌均匀。

2 再倒入啤酒搅匀即可。

| 花老师叮咛 |

★ 啤酒与番茄汁必须冷藏，冰镇后的口感更佳。

少女心

500毫升
2杯

材料

草莓 / 40 克
伏特加 / 20 毫升
白朗姆酒 / 15 毫升
绿柠檬汁 / 15 毫升
玫瑰糖浆 / 30 毫升 P202
冰块 / 60 克
花果粒茶冰块 / 60 克 P220
气泡水 / 120 毫升
冰粉红利口酒 / 30 毫升

做法

1 草莓洗净后擦干水分，切小片备用。

2 依序将伏特加、白朗姆酒、绿柠檬汁、玫瑰糖浆倒入杯中，加入草莓片，搅拌均匀。

3 加入冰块、花果粒茶冰块，倒入气泡水至九成满，再倒入冰粉红利口酒即可。

| 花老师叮咛 |

★ 草莓可以使用其他冷冻莓果类，或其他当季水果，如芒果、水蜜桃、哈密瓜等。

紫色派对 500毫升 / 1杯

材料

伏特加 / 50 毫升
香橙糖浆 / 10 毫升 (P203)
白糖浆 / 30 毫升 (P195)
黄柠檬汁 / 15 毫升
冰块 / 320 克
气泡水 / 200 毫升
蝶豆花茶 / 20 毫升 (P038)

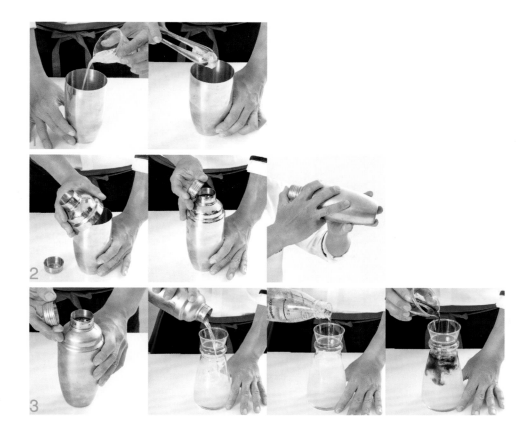

做法

1 依序将伏特加、香橙糖浆、白糖浆、黄柠檬汁倒入摇酒器，加入冰块至八成满。

2 盖上摇酒器中盖及上盖，摇荡15~20秒钟（摇酒器表面呈现起雾结霜状）。

3 取剩余冰块放入杯中，打开摇酒器上盖，将液体倒入杯中，倒入气泡水至九成满，缓缓倒入蝶豆花茶即可。

| 花老师叮咛 |

★ 可于成品上方加入小熊软糖、新鲜水果丁点缀。

★ 制作多人饮用分量时，可以准备一个大型容器，将材料加量倒入容器中搅拌均匀，再拌入冰块，于饮用前倒入气泡水稍微搅拌即可。

250毫升
1 杯

开胃醋酒

材料 ——————————

伏特加 / 30 毫升
黑葡萄醋 / 30 毫升
肉桂糖浆 / 20 毫升 (P204)
冰块 / 220 克
碎冰 / 50 克
绿柠檬 / 1 片
气泡水 / 80 毫升

做法

1 依序将伏特加、黑葡萄醋、肉桂糖浆倒入摇酒器，加入冰块至八成满。

2 盖上摇酒器中盖及上盖，摇荡15～20秒钟（摇酒器表面呈现起雾结霜状）。

3 碎冰放入杯中，打开摇酒器上盖，将液体倒入杯中，再倒入气泡水至九成满。

4 绿柠檬挤压后涂抹杯口，再将柠檬皮放入杯中即可。

| 花老师叮咛 |

★ 这款调酒适合搭配重口味或烧烤、油炸类食物。

★ 制作多人饮用分量时，可以将绿柠檬换成柑橘类水果片，与调酒材料一起搅拌即可。

PART

6

百搭享轻食

手上有饮品，桌上怎么可以没有餐食呢？学会了那么多款茶饮、蔬果汁、冰沙、咖啡、调酒之后，当然也不能少了简易的轻食。本章教大家利用4种酱料、5种蔬食、5道主食，制作出6款既可以作为正餐、早午餐，也适合聚会的餐食。

饮品与夹馅的微妙关系

吐司、堡类的夹馅通常是一份肉类、一份配菜或是蔬果，再淋上（抹上）适合的酱料，就是一份营养均衡的主食，可以作为正餐或是外带餐，再搭配适合的饮品，就非常完美了！以下介绍的每道轻食都提供了建议饮品及夹馅，你也可以试试不同的组合，灵活运用后找到最配的风味。

可以一次多做些酱料，装入保鲜盒或密封罐保存，放入冰箱冷藏，但建议尽快使用完毕。或是多做些肉饼、薯饼，将生坯放入冰箱冷冻，食用时再煎熟或烤熟即可。

蔬菜脱水很重要

直接食用的生时蔬务必洗净，如果时间允许，也可以将其泡入冰水冰镇，能增加脆度。在使用前捞起，放入脱水器中。无论是制作沙拉或将生时蔬作为吐司或堡类夹层，这样做的好处就是，不会因为水分过多而影响酱料沾附程度，也不会稀释味道，或是让吐司等吃起来湿绵软烂。

蔬菜脱水示范

1 将蔬菜洗净后放入脱水器，盖上脱水器上盖。

2 转动脱水器转轴数下，轻松去除蔬菜外部附着的水分，打开上盖即完成脱水步骤。

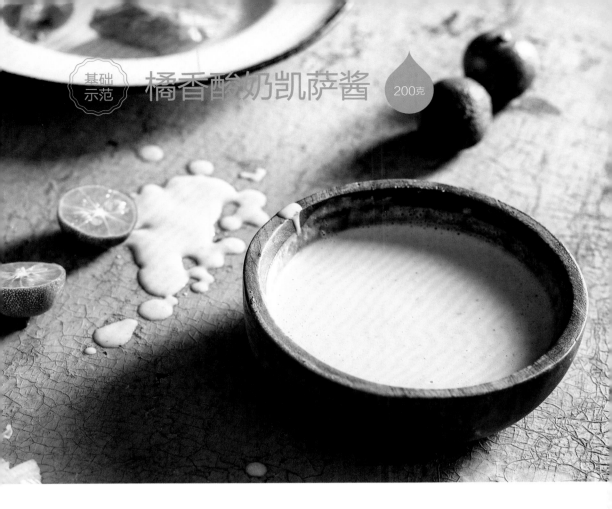

橘香酸奶凯萨酱

基础示范

200克

材料

A

大蒜 / 20 克

无糖酸奶 / 150 毫升

油渍鳀鱼 / 15 克

帕马森奶酪粉 / 30 克

黄芥末酱 / 5 克

原味综合熟坚果 / 20 克

金橘皮 / 3 克

B

黑胡椒碎 / 1/4 大匙（约 4 克）

金橘汁 / 30 毫升

伍斯特酱 / 5 克

橄榄油 / 70 毫升

注：通常 1 大匙为 15 毫升或 15 克。

做法

1 大蒜拍扁后去皮，放入大量杯。

● 生鲜食材处理后，可以直接放入量杯。

2 加入其他材料A、材料B，手持搅拌棒搅打，以高速搅打呈光滑细腻状即可。

● 金橘汁可以换成绿柠檬汁或黄柠檬汁。

● 适合作为罗曼生菜或其他可生食蔬菜的淋酱。

● 酱汁或酱料若含有新鲜食材（蔬果），不建议放太长时间；制作完成后可以放入保鲜盒或密封罐，冷藏保存3天。

芒果芥末油醋酱 160克

材料

A

芒果（去皮）/ 60 克

原味综合熟坚果 / 30 克

B

西番莲糖浆 / 20 毫升 P200

绿芥末酱 / 30 克

黄芥末酱 / 5 克

白酒醋 / 10 毫升

橄榄油 / 40 毫升

做法

1 芒果切小块，放入量杯中。

2 依序将综合熟坚果、西番莲糖浆、绿芥末酱、黄芥末酱、白酒醋、橄榄油放入量杯中，用手持搅拌棒搅打，以高速搅打呈光滑细腻状即可。

| 花老师叮咛 |

★ 若对坚果过敏，可以省略不加。

★ 此酱料除了使用在堡类夹层中，也可以与虾仁等海鲜或是生菜拌匀食用。

★ 制作完成的酱可以放入保鲜盒或密封罐保存，可冷藏3天。

覆盆子奶酪酱 170克

材料

A

奶油奶酪 / 120 克
白砂糖 / 20 克

B

覆盆子糖浆 / 30 毫升 P203
橄榄油 / 40 毫升

做法

1 奶油奶酪、白砂糖放入调理碗中，用手持打蛋器搅拌至奶酪软化。

2 将覆盆子糖浆倒入碗中，用手持搅拌棒搅打，以中速搅打呈光滑细腻状即可。

| 花老师叮咛 |

★ 此酱料适合作为面包抹酱。

★ 做好的酱可以放入保鲜盒或密封罐保存，可冷藏5天、冷冻14天，食用前取出回温软化即可。

风味豆腐酱

200克

材料 ─────────────

A

豆腐 / 100 克

大蒜 / 10 克

B

葡萄子油 / 60 毫升

绿柠檬汁 / 10 毫升

白酒醋 / 10 毫升

辣椒粉 / 1/3 小匙（约 1.5 克）

盐 / 1/3 小匙（约 1.5 克）

原色冰糖 / 1/2 大匙（约 7.5 克）

─────────────

| 花老师叮咛 |

★ 葡萄子油可以换成南瓜子油、
亚麻子油。

★ 可作为各种吐司、堡类或三明
治夹层抹酱，或作为蘸酱使用。

★ 如果不喜欢大蒜的味道，可以
换成原味综合熟坚果。

做法

1 豆腐切小块；大蒜拍扁后去皮。

2 将豆腐块、蒜块放入量杯，
加入材料B。

3 使用手持搅拌棒，先以中速
搅打混合材料，再改高速搅打至
光滑细腻状即可。

冰脆洋葱圈

5~6 人份

材料

紫洋葱 / 1/2 个（120 克）
大蒜 / 10 克
红辣椒 / 4 克

调味料

绿柠檬汁 / 10 毫升
盐 / 1/2 小匙（约 2.5 克）
白砂糖 / 1 大匙（约 15 克）
香油 / 7 毫升
黑胡椒碎 / 1/2 小匙（约 2.5 克）

做法

1 洋葱去皮后切小圈，泡入冰水约15分钟；大蒜去皮切末；红辣椒切末。

2 取一个调理碗，放入蒜末、红辣椒末、调味料拌匀。

3 洋葱圈沥干后放入调理碗，拌匀后盖上保鲜膜，放入冰箱冷藏30分钟，取出即可食用。

| 花老师叮咛 |

★ 如果怕辣，可以将红辣椒去子后再切末使用。

★ 洋葱泡冰水至呈半透明状，可以去除洋葱的辣味，并且更脆甜。

★ 除了作为堡类夹料之外，也适合搭配海鲜、肉类一起食用，或是直接当开胃菜食用。

甜椒汇

5~6 人份

材料

黄甜椒 / 1/2 个（80 克）

红甜椒 / 1/2 个（80 克）

青椒 / 1/2 个（80 克）

调味料

盐 / 1/3 小匙（约 1.5 克）

白砂糖 / 1 小匙（约 5 克）

黄柠檬汁 / 20 毫升

绿芥末酱 / 10 克

橄榄油 / 7 毫升

辣椒粉 / 1/2 小匙（约 2.5 克）

做法

1 黄甜椒、红甜椒、青椒洗净后擦干水分，去子后切成细丝，泡入冰水约10分钟备用。

2 取一个调理碗，放入所有调味料，充分拌匀即为酱汁。

3 将所有椒类沥干水分，放入调理碗，拌匀即可食用。

| 花老师叮咛 |

★ 这里的酱汁若换成芒果芥末油醋酱（P166）也非常对味。

★ 用于堡类配料夹层，作为开胃凉菜也是非常棒的。

★ 泡过冰水的椒丝需要沥干水分，再拌入酱汁中，才不会因为水分太多而稀释了酱汁，进而影响口感。

橙香大头菜 5 人份

材料

大头菜 / 250 克
柳橙皮 / 1/3 个

调味料

盐 1/2 大匙（约 7.5 克）
苹果醋 / 15 毫升
香橙糖浆 / 30 毫升 (P203)
橄榄油 / 7 毫升

做法

1 大头菜去皮后切粗丝，均匀撒上盐，抓匀后盖上保鲜膜，静置40分钟待释出水分。

2 挤干大头菜水分后放入调理碗中，加入柳橙皮、苹果醋、香橙糖浆、橄榄油，充分拌匀即可。

| 花老师叮咛 |

★ 因为大头菜有季节性，如果买不到，也可以换成西蓝花、菜花等。

罗勒番茄

材料

罗勒 / 15 克
番茄 / 2 个

| 花老师叮咛 |

★ 罗勒务必炒熟，否则容易变色发黑，使成品色泽不佳。

★ 黄柠檬汁应熄火后加入，因为加热太久会使酸度挥发。

★ 番茄含水量丰富，过热水后去子拌炒，可以减少出水量。番茄红素为脂溶性物质，炒后更容易吸收利用。

★ 适合搭配质地较硬的面包类食用，或抹在面包上，撒上奶酪丝，一起放入烤箱焗烤后食用。

调味料

玄米油 / 10 毫升
盐 / 1/2 小匙（约 2.5 克）
白砂糖 / 1 小匙（约 5 克）
黑胡椒碎 / 1/2 小匙（约 2.5 克）
辣酱 / 1/2 小匙（约 2.5 克）
黄柠檬汁 / 10 毫升
橄榄油 / 10 毫升

做法

1 罗勒洗净后擦干，取叶片切碎；番茄洗净后在表皮打十字花刀，放入热水浸泡3分钟，再泡入冰水去皮，取出后去子，切小丁。

2 锅中倒入玄米油，以中火热锅，放入番茄丁，用中火炒匀并至水分减少，加入盐、白砂糖、黑胡椒碎、罗勒碎拌炒匀后熄火。

3 加入辣酱、黄柠檬汁、橄榄油拌匀即可。

腌黄瓜片

3~4
人份

材料

小黄瓜 / 300 克
红葱头 / 30 克
熟白芝麻 / 5 克

调味料

盐 / 1/2 大匙（约 7.5 克）
白砂糖 / 1.5 大匙（约 22 克）
黑葡萄醋 / 20 毫升
香油 / 7 毫升
橄榄油 / 5 毫升

做法

1 小黄瓜洗净后擦干水分，切成厚度约0.2厘米的圆片；红葱头去皮后切末，备用。

2 小黄瓜片放入调理碗中，加入盐、白砂糖拌匀后盖上保鲜膜，放入冰箱冷藏约30分钟。

3 将红葱头、黑葡萄醋、香油、橄榄油、熟白芝麻放入另一调理碗中，拌匀即为酱汁。

4 冷藏后的小黄瓜挤干水分，与酱汁拌匀即可。

| 花老师叮咛 |

★ 食用时可拌入适量香菜末提味。

★ 用于堡类夹层配料，适合搭配重口味的肉类餐点，也可作为开胃凉菜。

★ 黑葡萄醋使用新鲜葡萄汁熬煮，使葡萄汁液的糖分及酸度提高，得到富含果香的浓缩葡萄汁之后，装进橡木桶内酿造熟成为陈年葡萄醋。

蔬菜肉饼

6人份

材料

旗鱼肉 / 300 克
猪肉馅 / 200 克
胡萝卜丝 / 80 克
芹菜末 / 40 克
红葱头末 / 30 克
姜末 / 10 克
鸡蛋 / 1 个

调味料

盐 / 1 小匙（约 5 克）
黑胡椒粉 / 1 小匙（约
5 克）
白胡椒粉 / 1 小匙（约
5 克）
台湾纯米酒 / 30 毫升
香油 / 15 毫升
黑麻油 / 22 毫升
玄米油 / 30 毫升

| 花老师叮咛 |

★ 制作肉饼时，大
小要匀称，每个约60
克，烹煮时熟成度更为
一致。
★ 建议选择猪胛心肉
制作肉饼或肉丸，其口
感软嫩且油脂适中。
★ 肉馅若有剩余，可
以制成小肉丸，与其
他蔬菜（如白萝卜、
玉米、冬瓜）炖汤，
清爽又鲜美。

做法

1 旗鱼肉、猪肉馅放入搅拌盆内，用搅拌棒打成泥状备用。

2 胡萝卜丝、芹菜末、红葱头末、姜末、鸡蛋、盐、纯米酒、黑胡椒粉、白胡椒粉、鱼肉馅一起搅打成泥，加入香油、黑麻油，继续摔打出黏性与筋性，盖上保鲜膜，放入冰箱冷藏腌渍一晚，让食材充分入味。

3 烤箱以180℃预热，取出肉泥抓揉成每份为60克的小饼。

4 玄米油倒入平底锅，以中火热锅，放入肉饼煎到两面焦香。放入铺铝箔纸的烤盘，再放入烤箱，烤5～6分钟至熟取出即可。

豪迈梅花肉

5 人份

调味料

盐 / 1/2 小匙（约 2.5 克）
绿柠檬汁 / 30 毫升
台湾纯米酒 / 60 毫升
薄盐酱油 / 15 毫升
橄榄油 / 15 毫升
白胡椒粉 / 1/2 大匙（约 7.5 克）
黑胡椒粉 / 1 大匙（约 15 克）
玄米油 / 30 毫升

| 花老师叮咛 |

★ 腌渍后的辛香料可以再次放入肉片腌渍，或是拿来爆炒肉丝。

★ 猪肉尽量切薄片，肉片越厚则腌渍及煎煮的时间越长。

★ 梅花肉断筋拍薄，并维持厚薄度平均，让煎煮时肉片不会卷缩，且熟成更一致。

★ 猪肉拍扁的厚度会影响煎制时间，要确保完全熟透为要。

1

2

3

4

做法

1　梅花肉切片（每片约30克），断筋后盖上保鲜膜，用肉槌拍薄备用。

2　香葱洗净后晾干，葱绿、葱白分别切成段；大蒜去皮后拍扁；红辣椒切小段，备用。

3　盐、绿柠檬汁、纯米酒、薄盐酱油、橄榄油、白胡椒粉、黑胡椒粉放入调理碗拌匀，与肉片、红辣椒、香葱、大蒜拌匀，让调味料沾裹肉片后，盖上保鲜膜，放入冰箱冷藏2小时待入味。

4　玄米油倒入平底锅，以中火热锅，放入肉片，转中小火煎3～4分钟至两面上色且熟透，盛盘。

低卡迷迭香鸡肉

3 人份

材料

鸡胸肉 / 300 克

新鲜迷迭香 / 2 克

大蒜 / 10 克

鸡蛋 / 1 个

无糖酸奶 / 30 毫升

调味料

黄柠檬汁 / 10 毫升

盐 / 1/2 小匙（约 2.5 克）

辣椒粉 / 1/2 小匙（约 2.5 克）

橄榄油 / 1 大匙（约 15 毫升）

玄米油 / 30 毫升

> **花老师叮咛**
>
> ★ 鸡胸肉拍扁的厚度会影响煎制时间，应确保完全熟透。
> ★ 使用肉槌拍扁鸡胸肉时，注意维持厚薄度均匀，才能在煎制时熟成度更一致。

1

2

3

4

做法

1 鸡胸肉去除白色皮膜，盖上保鲜膜，用肉槌拍薄备用。

2 迷迭香洗净后晾干，去除枝梗；大蒜去皮后与迷迭香均切末。

3 迷迭香末、蒜末、鸡蛋、无糖酸奶、黄柠檬汁、盐、辣椒粉、橄榄油放入调理碗拌匀，将鸡片放入调理碗充分腌渍后盖上保鲜膜，放入冰箱冷藏1小时待入味。

4 玄米油倒入平底锅，以中火热锅，放入鸡片，转中小火煎3～4分钟至两面上色且完全熟透，盛盘即可。

材料————————————

土豆 / 1 个（200 克）
鲜香菇 / 2 朵（60 克）
瘦牛肉馅 / 150 克
全脂鲜奶 / 30 毫升

调味料————————————

盐 / 1/2 小匙（约 2.5 克）
黑胡椒碎 / 1 小匙（约 5 克）
竹芋粉 / 1.5 小匙（约 7.5 克）
辣椒粉 / 1/2 小匙（约 2.5 克）
玄米油 / 30 毫升

| 花老师叮咛 |

★ 土豆饼煎制时间仅为参考，仍然要以牛肉熟透为要。

★ 土豆饼要有一定厚度，煎制时不易散开。

★ 可以用叉子刺入土豆最厚处，感觉松软易穿透即表示蒸熟了。

★ 土豆必须趁还有余温时捣压成泥，并且留一些土豆不捣碎，让成品更富口感。

做法

1 土豆洗净，连皮放入蒸锅蒸熟，取出后待稍凉，去皮并捣压成泥备用。

2 香菇切小丁，平底锅中不放油，以中小火炒出香菇水分及香味，盛盘放凉备用。土豆泥、香菇丁、牛肉馅放入调理碗，加入鲜奶、盐、黑胡椒碎、竹芋粉、辣椒粉，拌匀后制成椭圆状（掌心大小，每片约50克）。

3 玄米油倒入平底锅，以中火热锅，放入土豆饼，转中小火煎至定型，翻面续煎3~4分钟至两面金黄，盛盘。

辣味小鱼蟹肉蛋卷

材料 ──────────

蟹肉 / 30 克

魩仔鱼 / 40 克

鸡蛋 / 3 个

红辣椒 / 2 克

大蒜 / 5 克

莫扎瑞拉奶酪丝 / 30 克

调味料 ──────────

盐 / 1/3 小匙（约 1.5 克）

白砂糖 / 1/2 小匙（约 2.5 克）

白胡椒粉 / 1/2 小匙（约 2.5 克）

台湾纯米酒 / 20 毫升

玄米油 / 30 毫升

做法

1 蟹肉泡水解冻；魩仔鱼洗净；鸡蛋打成蛋液；红辣椒剖半，去子后切末；大蒜去皮后切片。

2 取一锅水煮滚，加入米酒，放入蟹肉烫熟后捞起，待冷却，将蟹肉水分挤干。

3 玄米油倒入平底锅，以大火热锅，放入魩仔鱼、红辣椒末，转中小火煸炒至魩仔鱼金黄，放入蒜片、蟹肉，炒至蒜片出香味，加入盐、白砂糖、白胡椒粉、纯米酒炒匀，起锅后挑出蒜片。

4 平底锅以中火热锅至180℃左右（可以滴入一滴蛋液，起泡且凝固表示温度足够了），转小火，倒入蛋液，煎成半凝固状，离火，铺上奶酪丝、炒好的蟹肉等，以小火继续加热，使蛋液完全凝固，慢慢将蛋皮卷起来，包住成卷即可盛盘。

| 花老师叮咛 |

★ 蟹肉含水量较高，烫熟冷却后，必须将水分挤干。

★ 蟹肉容易沾附细碎蟹壳，清洗时务必洗净。

★ 建议煸炒魩仔鱼时用筷子翻动，不容易造成鱼肉碎裂。

茄味肉饼割包

2 人份

材料

绿裙生菜 / 30 克
割包 / 2 个
巧达奶酪片 / 2 片（24 克）
蔬菜肉饼 / 2 块 P174
罗勒番茄 / 2 大匙（约 15 克）P172

调味料

玄米油 20 毫升
芒果芥末油醋酱 / 2 大匙（约 15 克）
P166

| 花老师叮咛 |

★ 生菜可用其他生食蔬菜替换。
★ 建议搭配绿茶类饮品，或是口味较清淡的蔬果汁。
★ 煎割包时火候不能太大，以免煎焦。翻面次数必须频繁，以确定均匀上色。

做法

1 生菜洗净，用蔬菜脱水器去除残留水分。

2 玄米油倒入平底锅，以小火热锅，将割包放入锅中，将两面煎至金黄，取出待凉。

3 依序将绿裙生菜、巧达奶酪片、蔬菜肉饼、罗勒番茄铺在一割包上，淋上芒果芥末油醋酱，裹紧即可。

材料

奶油生菜 / 15 克
白馒头 / 1 个
番茄（切片）/ 15 克
豪迈梅花肉 / 2 片 `P176`
腌黄瓜片 / 15 克 `P173`

调味料

玄米油 / 10 毫升
风味豆腐酱 / 1 大匙（约 15 克）
`P168`

猪肉堡 `1 人份`

| 花老师叮咛 |

★ 建议搭配冰沙或含有气泡水的
调酒。
★ 煎制白馒头时可用重物或是煎
铲压住，使煎面均匀上色。
★ 生菜可用其他生食蔬菜替换。
★ 馒头口味可以依照个人喜好挑
选，也可选择面包类，但以不包
馅料为佳。

做法

1 奶油生菜洗净，用蔬菜脱水
器去除残留水分。

2 玄米油倒入平底锅，以小火
热锅，将白馒头放入锅中，转中
小火，将两面煎约3分钟至金黄
酥脆，取出待凉，对切。

3 于白馒头切面涂抹一层风味豆
腐酱，依序将生菜、腌黄瓜片、
豪迈梅花肉、番茄铺于一片白馒
头上，盖上另一片白馒头即可。

辣味小鱼吐司

2 人份

材料

绿裙生菜 / 15 克
红叶生菜 / 10 克
奶油生菜 / 10 克
辣味小鱼蟹肉蛋卷 / 180 克 P180
吐司 / 3 片
莫扎瑞拉奶酪丝 / 15 克
甜椒汇 / 20 克 P170

调味料

风味豆腐酱 / 1.5 大匙（约 22 克）
P168

做法

1 将生菜洗净，用蔬菜脱水器去除残留水分；辣味小鱼蟹肉蛋卷对切备用。取一片吐司，铺上奶酪丝，将三片吐司排入铺铝箔纸的烤盘，放入以180℃预热好的烤箱，烤4~5分钟至奶酪丝化开且上色，取出待凉。

2 将未放奶酪丝的两片吐司抹上风味豆腐酱，一片铺底，依序放上一半生菜、辣味小鱼蟹肉蛋卷、甜椒汇，盖上有奶酪丝的吐司。

3 接着铺上剩下的生菜、辣味小鱼蟹肉蛋卷、甜椒汇，盖上最后一片吐司，先用长竹签插入，固定后切成适合食用的大小即可。

| 花老师叮咛 |

★ 建议搭配啤酒类调酒或是冷泡茶。

★ 若使用烤面包机或平底锅，可将奶酪丝改成奶酪片，于吐司上色酥脆后铺上。

★ 若没有烤箱，可以用烤面包机或平底锅煎烤吐司至酥脆上色。

迷迭香鸡肉佛卡夏

1
人份

材料

红叶生菜 / 15 克

低卡迷迭香鸡肉 / 60 克 (P177)

佛卡夏面包 / 1 个

番茄（切片）/ 20 克

冰脆洋葱圈 / 15 克 (P169)

调味料

覆盆子奶酪酱 / 15 克 (P167)

| 花老师叮咛 |

★ 建议搭配咖啡或奶茶类饮品。

★ 生菜可用其他生食蔬菜替换。

★ 佛卡夏面包可以换成个人喜爱的其他面包，如法式面包等。

做法

1 红叶生菜洗净，用蔬菜脱水器去除残留水分；低卡迷迭香鸡肉切片备用。

2 佛卡夏面包排于铺铝箔纸的烤盘，放入以180℃预热好的烤箱，烤约4分钟，取出后横切两片，于切面涂抹覆盆子奶酪酱。

3 依序将生菜、番茄、低卡迷迭香鸡肉、冰脆洋葱圈铺在一片佛卡夏面包上，盖上另一片佛卡夏面包即可。

橘香酸奶鸡肉沙拉 —— 3 人份

材料 ─────────────

罗曼生菜 / 300 克

红叶生菜 / 60 克

绿裙生菜 / 60 克

白馒头 / 60 克

番茄 / 1 个

低卡迷迭香鸡肉 / 200 克 P177

调味料 ─────────────

橘香酸奶凯萨酱 / 130 克 P165

橄榄油 / 50 毫升

金橘汁 / 20 毫升

帕马森奶酪粉 / 5 克

做法

1 将所有生菜洗净后切片，泡入冰水；白馒头切小丁；番茄洗净后擦干水分，切小块；低卡迷迭香鸡肉切片备用。

2 橄榄油倒入平底锅，以中小火热锅，放入白馒头丁，煎至金黄色，盛盘待凉备用。

3 将洗好的生菜放入蔬菜脱水器去除残留水分，再放入调理碗中，加入番茄、橘香酸奶凯萨酱、金橘汁、奶酪粉拌匀，放上低卡迷迭香鸡肉、煎好的白馒头丁拌匀即可食用。

| 花老师叮咛 |

★ 建议搭配蔬果汁、茶饮，或是含有啤酒、气泡水的调酒。

★ 拌沙拉时，以翻动的方式使酱汁沾附于生菜上，避免挤压菜叶。

★ 鸡片稍微放凉，再放于拌好的沙拉上，才不会因为热度而让菜叶发黄及松软。

奔跑贝果

材料

贝果 / 1 个

奔跑土豆饼 / 1 片 (P178)

奶油生菜 / 10 克

红叶生菜 / 10 克

番茄片 / 10 克

巧达奶酪片 / 1 片（12 克）

橙香大头菜 / 30 克 (P171)

调味料

橘香酸奶凯萨酱 / 1 大匙（约 15 克）
(P165)

| 花老师叮咛 |

★ 建议搭配红茶、乌龙茶类饮品
或是调酒。

★ 可于贝果切面撒上奶酪丝，
一起放入烤箱烤至奶酪化开且上
色，再夹配料。

做法

1 贝果剖半对切，再放入铺铝
箔纸的烤盘，放入以180℃预
热好的烤箱，烤4~5分钟至酥
脆，取出备用。

2 生菜洗净，用蔬菜脱水器去
除残留水分。

3 依序将切丝的奶酪、橙香大
头菜、奔跑土豆饼、番茄片铺在
一片贝果上，淋上橘香酸奶凯萨
酱，盖上另一片贝果即可。

7 饮品好配角

糖浆是饮品的灵魂调味料，粉圆、粉条、爱玉冻是最常见、也最传统的冰品、饮品配料，还有影响饮品风味的冰块，它们的重要性不可小觑。本章将教大家制作这些天然配角，让饮品一点都不无聊，而且喝得更舒心！

糖与饮品的亲密关系

糖是饮品的重要调味料，最常用的有原色冰糖、二砂糖、白砂糖、黑糖。原色冰糖甜味清爽，虽然不容易溶解但风味层次佳，也富含许多营养素，适合用于精力汤、蔬果汁、菜肴调味。二砂糖是甘蔗经压榨并去除杂质后的糖体，带有蔗香和蜜香的棕色结晶糖，适合用于比较深色的饮品或甜品的调味，例如咖啡、乌龙茶、红茶等。白砂糖由蔗糖溶解后去除杂质，多次结晶炼制而成，色泽清澈且甜度高，适合添加于任何饮品、甜品、菜肴中，能增加甜味却不影响成品色泽。黑糖属于初制糖体，甜度与热量比较低，但风味醇厚浓郁，且富含矿物质及维生素，适合用于奶茶、咖啡、冰沙等饮品，可以增添醇厚风味。

原色冰糖　　　　　　黑糖

制作糖酱、糖浆的重点

将砂糖放入锅中，不加水或其他液体，直接干煮后呈现糖浆状，颜色接近琥珀色，即是干锅煮糖。煮糖时若锅中糖体开始变色，为达理想焦糖色，建议先关火或暂时离火，待加入已回温或加热的液体时，再放回炉上续煮。其原因是水、鲜奶、鲜奶油等液态食材会降低锅中食材温度，让糖液瞬间温差过大，而造成严重蒸汽上窜或是喷溅的情况。

糖酱、糖浆的保存时间与容器清洁

书中所示范的糖浆、糖酱建议尽快使用完，最常见的保存方法为放置室温阴凉处，或放入冰箱冷藏。因内容物特性不同，保存时间略有差异。装盛糖浆、糖酱的容器以耐高温材质为佳，清洁与除菌方法为：

1 容器必须妥善洗净，再用沸水煮过，或将滚水倒入容器中冲洗一次。

2 接着于容器内喷上可食用酒精，达到除菌消毒的目的。

3 再倒扣于网架，待完全干燥，装盛糖浆或糖酱。

多变蝶豆花正流行

蝶豆花是近几年饮品制作的新宠，可以用来制作糖浆、冰块，并用于饮品的分层效果。蝶豆花原产于拉丁美洲，是热带蔓藤植物，也称为蓝蝶花、蝴蝶蓝、蝴羊豆等。花朵通常是紫蓝色的蝶形花，不仅可供食用，其植株和花朵还具有观赏价值。将蝶豆花作为天然色素制作饮品或甜点，都是很好的选择，所谓未品其味先观其色，就足以让你心花朵朵开。

蝶豆花颜色如此善变的原因，主要是含有的花青素成分，花青素是一种水溶性色素，会随酸碱度不同而变化颜色，通常碱性呈蓝色、中性呈紫色、酸性呈红色，故使用在饮品的制作上，乐趣自然也是不少。虽然蝶豆花富含大量花青素，但饮用仍需适量，毕竟任何食物摄取过多或过少都不是好现象。蝶豆花含有血小板凝集抑制成分，所以凝血功能不佳、怀孕时最好避免摄取。

让饮品层次丰富的配料

粉圆、粉条、爱玉冻是最常见、也最传统的冰品、甜品与饮品配料，其重要性不可小觑。粉圆、粉条不论冷食、热食都深受大家喜爱；爱玉冻则是简单加入新鲜柠檬汁及糖水（糖浆）调味，冰镇后食用，其口感滑顺且清爽，可以达到消暑作用。可见以上三种配料总是能让饮品的口感更多变。所以在享用亲手调制的饮品时，与其豪迈一饮而尽，不妨也加入自制粉圆、粉条、爱玉冻，连带感受一下咀嚼式的快感吧！

关于配料应该如何运用于饮品中，你心中应该有一些想法了。以上三种能见度高的配料，我通常称它们为"最熟悉的陌生人"，因为大多数人最熟悉的是它们的外形、口感，然而"最陌生的"是如何妥善选材、健康制作、安心食用。所以这里想与大家分享健康有趣的彩虹粉圆（P214）、常被误认为是米粉的手工粉条（P218）以及爱玉冻（P219）。详细的配方与制作要领让你轻松学会且吃得更放心。

粉圆如何变装

粉圆于冰沙搅打完成后，再加入果汁机中稍微搅打，可以让粉圆变成碎粒状，与冰沙更为融合、口感更佳。粉圆口味可依个人喜好添加，若不加入粉圆搅打，也可以将粉圆直接放入冰沙表面，但必须注意粉圆与冰沙接触时间不宜太长，且尽快饮用，以免粉圆硬化。

赏心悦目的沁凉冰块

制作冰块是一件非常容易的事，与泡茶、煮咖啡、调酒相比，显得毫无难度。虽然如此，但要制作出赏心悦目且让人看了想多喝两杯的冰块，可得要花点脑筋思考，除了利用各种造型的制冰模具制作出球形、方形、爱心形、花朵形、长条形等，还可以利用不同口味、颜色、属性的液体制作出最能虏获人心的冰块，让配角等级的冰块立刻从经济舱升入商务舱。不会再一见到冰块就说，我要去冰、少冰、微冰或完全去冰。

为什么没有冰不可，冰块到底有多重要？买了一杯不去冰、不少冰的黑咖啡，怎么才能越喝越想喝呢？其实想要喝加冰块的饮品，又怕冰块溶解后越喝越无味的解决方式，记得以下几个字就行——"其饮成冰、口感如一"。简单解释就是喝什么风味的饮品，就用什么制成冰块。例如：先将同属性种类的茶、咖啡等制成冰块，再将其加入同属性种类或口味的茶品、咖啡、调酒当中，就算冰块溶解，也同样能够从喝第一口开始到最后一口，风味都始终如一。

白糖浆

600毫升
1份

材料

水 / 240 毫升
白砂糖 / 400 克

做法

1 取一个单柄厚底锅，倒入水，以大火煮沸后转中火，加入白砂糖，搅拌至糖完全化开。

● 挑选具有隔热效果的厚底锅，方便加热时握取。

2 转大火再次煮沸，转中小火保持锅内稍微沸腾状态，续煮3分钟后关火，放凉即可。

● 续煮阶段不可以用大火煮或是过度搅拌，否则会造成水分过度挥发而产生糖浆结晶现象。

● 如果没有完全煮沸，或是在关火后过度搅拌，都容易造成糖浆酸败现象。

● 装入容器，盖上瓶盖，再放于常温阴凉处，可保存7天，或是冷藏，可以保存14天。

基础
示范

蝶豆花糖浆

450毫升
1份

材料

干燥蝶豆花 / 4 克

热开水（95℃）/ 260 毫升

黄柠檬 / 1/2 个

白砂糖 / 350 克

做法

1 蝶豆花放入一个调理碗中，冲入热开水，加盖后闷泡10分钟，过滤去花瓣；黄柠檬洗净后擦干水分，取1/2个削下柠檬皮，备用。

● 如果削下柠檬皮下白色皮层，则会使成品带较重苦味。

2 取一个单柄厚底锅，放入蝶豆花茶、柠檬皮，转中火煮至沸腾，加入白砂糖，稍微搅拌至糖化。

● 蝶豆花可以换成可食用薰衣草、紫罗兰等遇酸会变色的花卉。

3 转大火再次煮沸，转中小火保持锅内稍微沸腾状态，续煮2分钟关火并捞去柠檬皮，放凉即可。

● 装入容器，盖上瓶盖，再放于常温阴凉处，可保存7天，或是冷藏，可以保存14天。

黄糖浆

600毫升
1份

材料

二砂糖 / 400 克
热开水（95℃）/ 400 毫升
盐 / 1/4 小匙（约 1 克）

做法

1 取一个单柄厚底锅，放入二砂糖后开火。

2 以中小火慢慢煮至糖稍微化开，煮糖过程必须摇锅，以摇锅代替搅拌，让糖在锅内滑动并煮至散发糖香。

3 倒入热开水，转中火，并搅拌至糖完全化开，再次煮沸，转中小火保持锅内稍微沸腾状态，加入盐，续煮4分钟关火，放凉即可。

│ 花老师叮咛 │

★ 热开水务必延着锅边倒入，以防被上窜的蒸汽烫伤。

★ 加入少许盐，可以让糖浆香气甜味更为温润。

★ 常温阴凉处可保存21天，不可以冷藏，会形成结晶。

黑糖浆

700毫升
1份

材料

水 / 250 毫升
黑糖粉 / 200 克
麦芽糖 / 40 克

做法

1 取一个单柄厚底锅，将水、黑糖粉、麦芽糖倒入锅中，边搅拌并以中小火煮至散发糖香、呈微浓稠状。

2 维持中小火，且保持锅内稍微沸腾状态，续煮3分钟关火，放凉即可。

│ 花老师叮咛 │

★ 干锅煮糖时，火力不可太强。建议使用单柄厚底锅，方便煮糖时能提起锅具离开火源，以避免火力控制不当而导致糖液焦化产生苦味。

★ 放于常温阴凉处可保存7天；或是冷藏，可以保存14天。

咸焦糖酱

450毫升
1份

材料

水 / 50 毫升
白砂糖 / 200 克
盐 / 1/2 大匙（约 7.5 克）
动物鲜奶油 / 170 毫升

做法

1 取一个单柄厚底锅，将水、白砂糖、盐倒入锅中，以中火煮至糖完全化开，糖液起小泡且锅边糖呈琥珀色，转中小火，并以摇晃锅具代替搅拌使其均匀上色。

2 关火，分2～3次倒入动物鲜奶油，中小火煮至沸腾且呈浓稠状后关火，放凉即可。

| 花老师叮咛 |

★ 糖水焦糖化阶段不可以搅拌，会使糖结晶而影响焦化过程。

★ 糖水焦化过程中如果有糖粒粘于锅边，可用毛刷蘸水刷入锅中。

★ 动物鲜奶油建议先加热回温，防止与锅中焦糖因温差而产生大量蒸汽上窜或喷溅，进而影响焦糖凝固时间。动物鲜奶油必须沿着锅边倒入，以防被上窜的蒸汽烫伤。

原色冰糖浆 700毫升 1份

材料

水 / 400 毫升
原色冰糖 / 350 克

做法

1 取一个单柄厚底锅，倒入水，以大火煮沸后转中火，加入原色冰糖，搅拌至糖完全化开。

2 转大火再次煮沸，转中小火保持锅内稍微沸腾状态，续煮3分钟后关火，放凉即可。

| 花老师叮咛 |

★ 续煮阶段不可以使用大火烹煮或过度搅拌，否则会造成水分过度挥发而产生糖浆结晶。

★ 放于常温阴凉处可保存7天；或是冷藏，可以保存14天。

桂花糖浆 500毫升 1份

材料

干燥桂花 / 12 克
凉白开 / 840 毫升
原色冰糖 / 150 克
蜂蜜 / 250 毫升
麦芽糖 / 30 克

做法

1 干燥桂花用600毫升凉白开轻轻搓洗干净，并挑除枝叶浸泡6分钟，捞起桂花备用。

2 取一个单柄厚底锅，放入洗好的桂花、剩余的凉白开，开大火煮至沸腾后转小火，加入原色冰糖，煮至糖完全化开。

3 加入蜂蜜、麦芽糖，转中小火续煮至沸腾即可过滤糖浆，放入容器保存即可。

| 花老师叮咛 |

★ 使用干燥桂花制作，风味稍微比新鲜桂花差一些；如果用新鲜桂花，必须选有机可食用桂花。

★ 这款糖浆也可以作为糕饼或甜品淋酱。

★ 放于常温阴凉处可保存7天，冷藏可以保存21天。

西番莲糖浆

600毫升
1 份

材料

西番莲 / 6 个
白砂糖 / 400 克
凉白开 / 180 毫升

做法

1 从西番莲顶端处切开，挖出西番莲果肉后放入杯中（约250克果肉）。

2 加入80毫升凉白开，持搅拌棒低速搅打约3分钟，使果肉与子分离。

3 过滤西番莲汁于厚底锅中，依序加入白砂糖、剩余的100毫升凉白开，以中火加热至沸腾后转中小火续煮2～3分钟，关火，放凉即可。

| 花老师叮咛 |

★ 若制作分量较多，可以将西番莲果肉挖入桶形容器中，以防搅打过程中喷溅。

★ 过滤西番莲子时，用食品级PET不织布滤袋效果最佳。

★ 6个西番莲挖出来的果肉约250克，实际果汁量约200毫升。

★ 放于常温阴凉处可保存7天，冷藏可以保存21天。

黄柠檬糖浆

400毫升
1份

材料

黄柠檬 / 2 个
白砂糖 / 400 克
凉白开 / 150 毫升

做法

1 黄柠檬洗净后擦干水分，削下柠檬皮，将柠檬榨汁（约40毫升）并过滤；柠檬皮切丝，与白砂糖搓揉均匀，静置15分钟备用。

2 取一个单柄厚底锅，将搓匀的柠檬皮砂糖与黄柠檬汁、凉白开放入锅中，以中火煮至沸腾，转中小火，锅中保持冒泡状，续煮2~3分钟关火，待凉，将柠檬皮滤去即可。

│ 花老师叮咛 │

★ 黄柠檬可以换成绿柠檬。

★ 避免削下柠檬皮下的白色皮层，以免成品带较重苦味。

★ 搓揉柠檬皮有助于柠檬精油释出，让成品香气更为浓郁。

★ 放于冰箱冷藏，可以放21天。

玫瑰糖浆

500毫升
1 份

材料 ————————

可食用玫瑰花瓣 / 120 克
白砂糖 / 400 克
凉白开 / 300 毫升
柠檬汁 /20 毫升

做法

1　玫瑰花洗净后晾干，放入调理碗中，倒入100克白砂糖，轻轻搓揉至水分释出。

2　取一个单柄厚底锅，加入凉白开，以大火煮沸后转中小火，加入剩余的300克白砂糖，转中火煮至沸腾。

3　将拌好的玫瑰花砂糖倒入锅中，以中小火煮至稍微起泡，加入柠檬汁，续煮2～3分钟，确定糖完全化开后关火，将玫瑰花滤出即可。

| 花老师叮咛 |

★ 可以先取10片玫瑰花瓣放入容器中，趁煮好的糖浆未冷却前过滤至容器中。若容器口较小，不建议预先放入玫瑰花，之后不容易取出。

★ 干燥花瓣重量比新鲜花瓣轻，若用干品制作，建议用量为50克。

★ 放入容器中的玫瑰花必须完全晾干，否则容易使糖浆发霉。

★ 放于常温阴凉处可保存7天，冷藏可以保存21天。

★ 制作糖浆使用的玫瑰花可用少许饮用水打碎，涂抹在面包或饼干上会非常美味。

覆盆子糖浆

400毫升
1 份

材料

新鲜覆盆子 / 150 克
凉白开 / 300 毫升
白砂糖 / 400 克
柠檬汁 / 20 毫升

做法

1 覆盆子洗净后擦干水分，放入果汁机中，加入100毫升凉白开，用高速搅打呈果泥状。

2 将覆盆子果泥过滤于厚底锅中，加入白砂糖、剩余的200毫升凉白开，以中火煮至沸腾。

3 加入柠檬汁，转中小火续煮2~3分钟，关火，放凉即可。

| 花老师叮咛 |

★ 可省略做法2过滤动作，只是饮用上会带些微颗粒感。

★ 可加入少许香草精或可食用玫瑰花瓣一起搅打。

★ 熬煮过程中所产生的泡沫需要捞除。

★ 也可以用草莓、蓝莓等莓果类代替覆盆子。

★ 放于冰箱冷藏可以保存21天。

香橙糖浆

600毫升
1 份

材料

柳橙 / 2 个　　　　白砂糖 / 350 克
凉白开 / 150 毫升

做法

1 柳橙洗净后擦干水分，削下皮并切丝；柳橙果肉榨汁并过滤备用。

2 取一个单柄厚底锅，将柳橙皮、凉白开、柳橙汁、白砂糖放入锅中，以中火煮沸腾。

3 转小火续煮2~3分钟至糖完全化开，将柳橙皮过滤后放凉即可。

| 花老师叮咛 |

★ 避免削下柳橙皮下白色皮层，以免成品带较重苦味。

★ 放于冰箱冷藏，可以放21天。

肉桂糖浆

450毫升
1份

材料

黄柠檬 / 1/2 个　　　　　　白砂糖 / 200 克

肉桂 / 1 支（12 ～ 15 克）　麦芽糖 / 50 克

凉白开 / 300 毫升

做法

1 黄柠檬洗净后擦干水分，取1/2个削皮备用。取一个单柄厚底锅，将肉桂、凉白开、柠檬皮放入锅中，以中火煮至沸腾。

2 转小火续煮2分钟关火，静置2分钟待液体稍微变成金黄色后，取出柠檬皮，并将肉桂留在锅内备用。

3 接着放入麦芽糖、白砂糖，开中火煮至沸腾，稍微搅拌至糖完全化开，并再次煮沸，转中小火续煮3分钟关火，放凉即可装入瓶中。

│ 花老师叮咛 │

★ 也可以使用肉桂粉制作，但成品颜色较为暗沉。

★ 可于煮肉桂及柠檬皮阶段，放入1/3个苹果切片一起煮，并在放入白砂糖的续煮阶段加入30毫升白兰地增添风味。

★ 此糖浆适合用于茶品、咖啡、调酒或搭配糕饼甜点食用。

★ 放于常温阴凉处可保存7天，冷藏可以保存21天。

薄荷糖浆

500毫升 1份

材料

新鲜薄荷叶 / 50 克　　　绿柠檬汁 / 10 毫升
白砂糖 / 400 克　　　　　凉白开 / 250 毫升

做法

1 薄荷叶洗净后晾干，将薄荷叶、100克白砂糖、绿柠檬汁放入调理碗中，搓揉薄荷使叶片软化。

2 取一个单柄厚底锅，将凉白开、剩余300克白砂糖放入锅中，开中小火煮至糖化。

3 加入预拌好的薄荷叶，稍微搅拌后转中火，煮至沸腾且糖完全化开，关火后放凉，滤去薄荷叶即可。

| 花老师叮咛 |

★ 薄荷烹煮时间过长，气味将大幅降低，所以入锅后需转中火快煮至沸腾，并且白砂糖化开后即关火放凉过滤。

★ 这款糖浆适合添加于茶类、咖啡、调酒、冰品中。

★ 放于常温阴凉处可保存7天，冷藏可以保存21天。

迷迭柠檬糖浆

400毫升 1份

材料

新鲜迷迭香 / 20 克　　凉白开 / 140 毫升
黄柠檬 / 2 个　　　　　白砂糖 / 400 克

做法

1 新鲜迷迭香去除枝梗，洗净后晾干备用。

2 黄柠檬洗净后擦干水分，削下柠檬皮，并将柠檬榨汁过滤备用。

3 取一个单柄厚底锅，将凉白开、白砂糖、迷迭香、柠檬皮、柠檬汁放入锅中，以中火煮至沸腾，转中小火续煮3分钟后关火，放凉后滤去迷迭香和柠檬皮即可。

| 花老师叮咛 |

★ 迷迭香必须去除枝梗，方便烹煮。

★ 黄柠檬可以换成绿柠檬。避免削下柠檬皮下白色皮层，以免成品带较重苦味。

★ 放于常温阴凉处可保存7天，冷藏可以保存21天。

姜味糖浆

400毫升
1 份

材料

鲜姜 / 250 克　　　　　　原色冰糖 / 200 克
凉白开 / 600 毫升　　　　蜂蜜 / 60 毫升

做法

1　鲜姜洗净后刷去外皮，擦干水分后切薄片。

2　取一个单柄厚底锅，将凉白开、姜片放入锅中，以大火煮至沸腾，转中火并将锅盖半盖，以锅内冒泡稍微滚动状态熬煮10 ~ 15分钟后关火。

3　过滤姜汁，取250毫升倒入厚底锅，加入原色冰糖，开大火煮至沸腾，转中火搅拌至冰糖完全化开，再加入蜂蜜，转中小火煮至锅中冒小泡且稍微滚沸状态，续煮3分钟后关火，放凉即可。

| 花老师叮咛 |

★ 也可以用老姜代替鲜姜。

★ 原色冰糖可以换成黑糖或二砂糖，风味各具特色。

★ 姜洗净后若未使用完，请用厨房纸巾或干净布料包裹后冷藏。

★ 煮过姜汁的姜片可以捞起，炒成姜糖片食用。

★ 放于常温阴凉处可保存7天，冷藏可以保存21天。

白玉粉圆

3 人份

材料————————

竹芋粉 / 60 克
土豆淀粉 / 40 克
凉白开 / 110 毫升
白砂糖 / 20 克

做法

1 竹芋粉、土豆淀粉过筛于大调理碗中，混合均匀备用。

2 取一个单柄厚底锅，将凉白开、白砂糖倒入锅中，开中火加热至糖水沸腾。

3 再倒入混合粉类中，立刻用橡皮刮刀（或擀面棍）拌匀至呈粉团，待稍微冷却，取出后用手揉捏至粉团光滑不黏手。

4 取适量土豆淀粉撒于桌面，将光滑的粉团放桌面上，用擀面棍擀成厚约0.8厘米的椭圆形，修边成长方形，再切成宽约0.8厘米的长条。

5 将粉团搓成圆条状，分切成正方小丁，搓成小圆球即可。

｜花老师叮咛｜

★ 糖水煮沸后必须立刻倒入已经过筛的粉类中，并充分搅拌使其完成糊化。

★ 若粉团太干硬，可以加入少许冷开水再进行搓揉，至水分完全溶入粉团即可。

★ 搓揉完成的粉圆可以撒上适量土豆淀粉，冷冻保存，待食用时再取出烹煮（P214～215）。

蝶豆花粉圆 ③ 人份

材料

竹芋粉 60 克
土豆淀粉 40 克
蝶豆花茶 110 毫升 (P038)
白砂糖 20 克

做法

1 竹芋粉、土豆淀粉过筛于大调理碗中，混合均匀备用。

2 取一个单柄厚底锅，将蝶豆花茶、白砂糖倒入锅中，开中火加热至糖水沸腾。

3 再冲入混合好的粉类中，立刻用橡皮刮刀（或擀面棍）拌匀至呈粉团，待稍微冷却，取出后揉捏至粉团光滑不黏手。

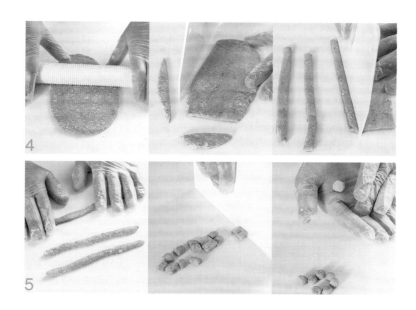

4 取适量土豆淀粉撒于桌面，放上光滑的粉团，用擀面棍擀成厚约0.8厘米的椭圆形，修边成长方形，再切成宽约0.8厘米的长条。

5 将粉团搓成圆条状，分切成正方小丁，搓成小圆球即可。

| 花老师叮咛 |

★ 糖水煮滚后必须立刻冲入已经过筛的粉类中，并充分搅拌使其完成糊化。

★ 糖水不可以持续沸腾，否则会让水分过度蒸发，以致粉团太干硬。

★ 竹芋粉可换成红薯淀粉、藕粉或是木薯淀粉。

★ 若粉团太干硬，可以加入少许蝶豆花茶再进行搓揉，至水分完全溶入粉团即可。

★ 搓揉完成的粉圆可以撒上适量土豆淀粉，冷冻保存，待食用时再取出烹煮（P214~215）。

黑糖粉圆

3 人份

材料

竹芋粉 / 60 克
土豆淀粉 / 40 克
凉白开 / 110 毫升
黑糖粉 / 20 克

做法

1 竹芋粉、土豆淀粉过筛于大调理碗中，混合均匀备用。

2 取一个单柄厚底锅，将凉白开、黑糖粉倒入锅中，开中火加热至糖水沸腾。

3 再冲入混合的粉类中，立刻用橡皮刮刀（或擀面棍）拌匀至呈粉团，待稍微冷却，取出后用手揉捏至粉团光滑不黏手。

4 取适量土豆淀粉撒于桌面，放上光滑的粉团，用擀面棍擀成厚约0.8厘米的椭圆形，修边成长方形，再切成宽约0.8厘米的长条。

5 将粉团搓成圆条状，分切成正方小丁，搓成小圆球即可。

| 花老师叮咛 |

★ 糖水煮滚后必须立刻冲入已经过筛的粉类中，并充分搅拌使其完成糊化。
★ 若粉团太干硬，可以加入少许凉白开再进行搓揉，至水分完全溶入粉团即可。
★ 搓揉完成的粉圆可以撒上适量土豆淀粉，冷冻保存，待食用时再取出烹煮（P214~215）。

红曲粉圆

3 人份

材料

竹芋粉 / 60 克
土豆淀粉 / 40 克
红曲粉 / 2 克
凉白开 / 110 毫升
白砂糖 / 20 克

做法

1 竹芋粉、土豆淀粉过筛于大调理碗中，加入红曲粉，一起混合均匀备用。

2 取一个单柄厚底锅，将凉白开、白砂糖倒入锅中，开中火加热至糖水沸腾。

3 再冲入混合的粉类中，立刻用橡皮刮刀（或擀面棍）拌匀至呈粉团，待稍微冷却，取出后用手揉捏至粉团光滑不黏手。

4 取适量土豆淀粉撒于桌面，放上光滑的粉团，用擀面棍擀成厚约0.8厘米的椭圆形，修边成长方形，再切成宽约0.8厘米的长条。

5 将粉团搓成圆条状，分切成正方小丁，搓成小圆球即可。

│ 花老师叮咛 │

★ 若粉团太干硬，可以加入少许凉白开再进行搓揉，至水分完全溶入粉团即可。

★ 糖水煮滚后必须立刻冲入已经过筛的粉类中，并充分搅拌使其完成糊化。

★ 搓揉好的粉圆可以撒上适量土豆淀粉，冷冻保存，待食用时再取出烹煮（P214～215）。

竹炭粉圆 ③ 人份

材料

竹芋粉 / 60 克
土豆淀粉 / 40 克
竹炭粉 / 4 克
凉白开 / 110 毫升
白砂糖 / 20 克

做法

1 竹芋粉、土豆淀粉过筛于大调理碗中，加入竹炭粉，一起混合均匀备用。

2 取一个单柄厚底锅，将凉白开、白砂糖倒入锅中，开中火加热至糖水沸腾。

3 再冲入混合的粉类中，立刻用橡皮刮刀（或擀面棍）拌匀至呈粉团，待稍微冷却，取出后用手揉捏至粉团光滑不黏手。

4 取适量土豆淀粉撒于桌面，放上光滑的粉团，用擀面棍擀成厚约0.8厘米的椭圆形，修边成长方形，再切成宽约0.8厘米的长条。

5 将粉团搓成圆条状，分切成正方小丁，搓成小圆球即可。

| 花老师叮咛 |

★ 糖水煮滚后必须立刻冲入已经过筛的粉类中，并充分搅拌使其完成糊化。

★ 若粉团太干硬，可以加入少许凉白开再进行搓揉，至水分完全溶入粉团即可。

★ 搓揉好的粉圆可以撒上适量土豆淀粉，冷冻保存，待食用时再取出烹煮（P214～215）。

麻笋粉圆

3 人份

材料

竹芋粉 / 60 克
土豆淀粉 / 40 克
麻笋粉（无糖）/ 2 克
凉白开 / 110 毫升
白砂糖 / 20 克

做法

1 竹芋粉、土豆淀粉过筛于大调理碗中，加入麻笋粉，一起混合均匀备用。

2 取一个单柄厚底锅，将凉白开、白砂糖倒入锅中，开中火加热至糖水沸腾。

3 再冲入混合的粉类中，立刻用橡皮刮刀（或擀面棍）拌匀至呈粉团，待稍微冷却，取出后用手揉捏至粉团光滑不黏手。

4 取适量土豆淀粉撒于桌面，放上光滑的粉团，用擀面棍擀成厚约0.8厘米的椭圆形，修边成长方形，再切成宽约0.8厘米的长条。

5 将粉团搓成圆条状，分切成正方小丁，搓成小圆球即可。

| 花老师叮咛 |

★ 麻笋粉可以换成抹茶粉、艾草粉。

★ 糖水煮滚后必须立刻冲入已经过筛的粉类中，并充分搅拌使其完成糊化。

★ 若粉团太干硬，可以加入少许凉白开再进行搓揉，至水分完全溶入粉团即可。

★ 搓揉好的粉圆可以撒上适量土豆淀粉，冷冻保存，待食用时再取出烹煮（P214~215）。

彩虹粉圆

3
人份

材料—————————

彩虹粉圆 / 200 克

水 / 1000 毫升

白糖浆 / 60 毫升 P195

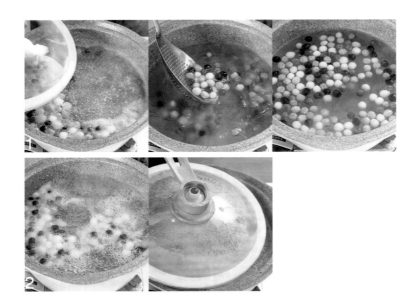

做法

1 水倒入汤锅，以大火煮沸，将彩虹粉圆倒入锅中，轻轻搅拌（防止粉圆粘连或粘锅），待慢慢浮起来。

2 再次滚沸，转中小火（锅中呈稍微沸腾、粉圆滚动状态），并将锅盖盖3/4，煮8分钟至粉圆成半熟状态。

3 关火，并将锅盖全盖，闷5分钟至粉圆熟，捞起粉圆，放入凉白开（盖过粉圆）冲洗，以去除外部黏液并达到降温的目的。

4 捞起后沥干，放入碗中，拌入白糖浆，避免粘连。

| 花老师叮咛 |

★ 如果是冷冻过的彩虹粉圆，应煮12分钟，闷熟时间改为15分钟。

★ 也可随喜好拌入黑糖、蜂蜜、二砂糖。

★ 煮好的彩虹粉圆最好在常温2小时内或电锅保温30分钟内食用完，放置越久口感越差。

★ 因为粉圆吸水性很强，所以烹煮的水量必须是粉圆的5～6倍，例如100克粉圆应加水500毫升，以此类推。

手工粉条浆

4 人份

材料 ────────────

竹芋粉 / 60 克

土豆淀粉 / 60 克

凉白开 / 200 毫升

做法

1 竹芋粉、土豆淀粉过筛于大调理碗中，混合拌匀，均分成2份。

2 将其中一份混合粉放入调理碗中，加入60毫升凉白开，拌匀成粉浆。取剩余140毫升凉白开煮至沸腾，立刻冲入粉浆中，搅拌至稍微浓稠绵软状。

3 将另一份混合粉倒入冲好的粉浆中，持续搅拌至呈纯白色光滑半固体状，即为粉条浆。

4 将粉条浆填入挤花袋，将袋中的气体压出来，并束紧袋口即可。

| 花老师叮咛 |

★ 若使用抛弃式挤花袋，建议用2个挤花袋装粉条浆，以免因为用力挤压
粉条而造成挤花袋破裂。

★ 制作好的粉条浆必须当天使用完毕。

手工粉条

4 人份

材料

水 800 毫升

手工粉条浆 320 克 (P216)
白糖浆 60 毫升 (P195)

1

4

做法

1 准备手工粉条浆，在挤花袋尖角处剪0.3厘米的开口。

2 将水倒入汤锅，以大火煮沸，挤入手工粉条浆，待凝固后轻轻搅拌（防止粉条粘连或粘锅）。

3 待粉条浮起呈半透明状，捞起粉条用凉白开冲洗，以去除外部黏液并降温。

4 捞起后沥干，放入碗中，拌入白糖浆即可。

| 花老师叮咛 |

★ 粉条可以随个人喜好拌入冰糖、黑糖、蜂蜜、二砂糖。

★ 煮好的粉条最好在常温1小时内食用完，久置会变硬。

★ 煮粉条时务必全程保持微沸状态，以免粉条粘连。

爱玉冻

6 人份

材料

爱玉子 / 20 克
水 / 1200 毫升

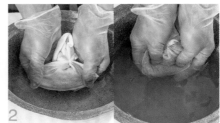

做法

1 将干燥爱玉子放入滤袋中，并将袋口束紧；将水倒入汤锅，以大火煮沸，放于常温待完全冷却。

2 将装入袋中的爱玉子放入完全冷却的开水中，浸泡约1分钟，用指腹轻轻搓揉滤袋中的爱玉子约10分钟，至锅中液体呈淡黄色，取出滤袋。

3 用保鲜膜盖上搓洗完的爱玉液，放置冷藏约30分钟即成爱玉冻。

| 花老师叮咛 |

★ 搓洗爱玉子用的水，必须完全煮沸后且放置冷却才可以使用。

★ 水中钙离子等物质为爱玉凝冻的要素，故不可以直接使用蒸馏水或纯净水制作。

★ 搓洗爱玉子过程，必须完全将滤袋浸泡于水中，搓洗完成的爱玉液不能晃动，否则会影响爱玉凝冻。

花果粒茶冰块

300毫升
制冰盒1盘

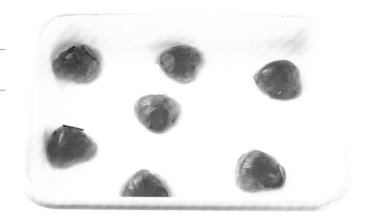

材料

花果粒茶 / 300 毫升 (P037)

做法

1 准备花果粒茶，若是刚冲泡完成，则必须待完全冷却。

2 将花果粒茶倒入制冰盒中，放入冰箱冷冻至完全凝固，取出后脱模即可。

| 花老师叮咛 |

★ 可根据个人喜好挑选花果粒茶冲泡。

★ 制作完成的冰块可以用于饮品制作。

★ 可以使用不同造型的制冰盒制作不同形状的冰块，增加视觉感受。

★ 花果粒茶带有酸性，与乳制品或富含蛋白质的饮品搭配，容易造成凝固结块现象。

黑咖啡冰块

200毫升
制冰盒1盘

材料 —————————

手冲曼特宁冰咖啡 / 200 毫升 (P119)

做法

1 准备咖啡，若是刚冲泡完成，则必须待完全冷却。

2 将咖啡倒入制冰盒中，放入冰箱冷冻至完全凝固即可。

| 花老师叮咛 |

★ 也可使用不同产区或风味的咖啡冲泡。

★ 制冰盒内格容量会影响冰块大小及数量，其规格可随个人喜好挑选。

乌龙茶冰块

200毫升
制冰盒1盘

材料 —————————

浓基底乌龙茶 200 毫升 (P036)

做法

1 准备浓基底乌龙茶，若是刚冲泡完成，则必须待完全冷却。

2 将浓基底乌龙茶倒入制冰盒中，放入冰箱冷冻至完全凝固即可。

| 花老师叮咛 |

★ 制冰盒内格容量会影响冰块大小及数量，其规格可随个人喜好挑选。

红茶冰块

300毫升
制冰盒1盘

材料

浓基底红茶 300 毫升 (P035)

做法

1 准备浓基底红茶，若是刚冲泡完成，则必须待完全冷却。

2 将浓基底红茶倒入制冰盒中，放入冰箱冷冻至完全凝固即可。

│ 花老师叮咛 │

★ 也可使用其他红茶、调味茶、绿茶、包种茶等茶品冲泡。
★ 制冰盒内格容量会影响冰块大小及数量，其规格可随个人喜好挑选。

蝶豆花冰块

200毫升
制冰盒1盘

材料

蝶豆花茶 200 毫升 (P038)

做法

1 准备蝶豆花茶，若是刚冲泡完成，则必须待完全冷却。

2 将蝶豆花茶倒入制冰盒中，放入冰箱冷冻至完全凝固即可。

│ 花老师叮咛 │

★ 也可使用其他可食用花卉，如薰衣草、玫瑰花、紫罗兰等冲泡。

★ 可在其他花茶中加入15～20毫升蝶豆花茶，让花茶变色后再倒入制冰盒制冰，更增风味及色泽。